ANNIKA MÜLLER-NAVARRA

Blütenreich

SCHNITTBLUMEN MIT HERZ UND HAND VERMEHREN

Haupt
NATUR

5

Schnittblumenanbau ohne Anzucht im Haus ▸ 88

6

Schnittblumenporträts ▸ 96

7

Praxistipps ▸ 204

8

Anhang ▸ 216

1

Einleitung

Bei vielen Dingen des täglichen Lebens legen wir Wert darauf, wo sie herkommen. Wie ist das bei Schnittblumen und deren Samen? Meistens sind die Verkäufer der Samen nicht diejenigen, die die Samen produziert haben. Die Verkäufer kaufen große Mengen und füllen die Samen in bunte Tütchen ab, die dann in den Regalen von Baumärkten und Discountern landen. Auch online gibt es eine große Auswahl. Nach der Herkunft der Samen wird selten gefragt.

»Wie wäre es, sich ein eigenes buntes Sortiment an Schnittblumen aufzubauen?«

Ähnlich wie bei vielen anderen Verbrauchsgütern wird über Farb- und Sortentrends von wenigen Produzenten und Verkäufern im Voraus befunden. Durch tolle Züchtungen, die sich nicht durch Samen vermehren lassen, entsteht eine gewisse Abhängigkeit von Produzenten und Verkäufern.

Wie wäre es, sich davon zu lösen und sich ein eigenes buntes Sortiment an einjährigen Schnittblumen aufzubauen? Hierfür ist kein Biologiestudium notwendig. Es ist ausreichend, die grundlegenden Mechanismen der Vermehrung von Pflanzen zu verstehen. Die Beobachtung der Entwicklung einer Schnittblume vom Samen über die Keimung (Fachbegriffe werden im Glossar erklärt) bis hin zur Ernte hilft dabei sehr. Durch genaues Hinsehen lassen sich Schnittblumenarten an ihren typischen Merkmalen voneinander unterscheiden.

In diesem Buch werden die botanischen Grundlagen, Möglichkeiten und Grenzen des Schnittblumenanbaus aus Saatgut beschrieben. Es werden 17 Schnittblumenarten detailliert vom Samen bis zur Blüte vorgestellt. Alle vorgestellten Schnittblumenarten können auch von Menschen ohne Vorkenntnisse im eigenen Garten vermehrt werden.

Warum es sinnvoll ist, Blumen selbst zu vermehren

Blumen sind sinnstiftend. Sie schenken Freude, sind Lebensraum, Nahrung und ein wichtiger Teil des Ökosystems. Blumen aus eigenem Anbau geben dem Ganzen noch einen tieferen Sinn. Bei Stauden ist mit wenig Aufwand darauf Verlass, dass sie viele Jahre lang reichlich Blüten produzieren. Eine wundervolle Ergänzung zu Schnittstauden sind einjährige Schnittblumen. Anders als die Stauden, haben sie einen einjährigen Lebenszyklus. Sie sind weniger tolerant gegenüber niedrigen Wintertemperaturen und müssen meist jährlich wiederkehrend ausgesät werden.

Das Blumenfeld im Frühsommer

Mit der Keimung beginnt das Leben einer Schnittblume. Keimende Einjährige Skabiose

Ausgereifte Samen der Ringelblume neben unreifen Samenständen

Im Laufe eines Jahres beginnt der natürliche Lebenszyklus im Frühjahr mit der Keimung eines Samens. Über den Sommer wächst eine Pflanze heran. Sie bildet Blüten und bis in den Herbst hinein neue Samen. Im Winter stirbt die Pflanze, meist bedingt durch Frost, ab. In den Samen schlummert die neue Generation von Blumen.

Beim Anbau von Schnittblumen hilft es, sich an dem natürlichen Lebenszyklus einer Pflanze zu orientieren und nicht zu sehr in diesen einzugreifen. Durch eine zeitige Blüte im Sommer ist gewährleistet, dass sich die Samen bis in den Herbst hinein vollständig ausgebildet haben. Erst vollständig entwickelte Samen keimen zuverlässig und bringen starke Pflanzen hervor.

Die Auswahl der Mutterpflanzen, von denen die Samen gesammelt werden, erfolgt anhand der Ausprägung der Merkmale (unter anderem Blütenfarbe oder Stiellänge), die im Sommer beobachtet werden konnten. Solange mehrere Sorten einer Art benachbart zueinander wachsen und Kreuzungen möglich sind, lässt es sich kaum vorhersagen, wie die nächste Generation aussieht. Erst durch das Beobachten der Merkmalsausprägung über viele Schnittblumengenerationen hinweg werden die stabil vererbten Merkmale erkennbar. Durch Selektion können die starken und gewünschten Merkmale gezielt gefördert werden.

Ob sich eine Schnittblume für die Samenproduktion eignet, ist davon abhängig, wie die Mutterpflanze vermehrt wurde. Bei vielen auf dem Markt erhältlichen Sorten wird in den Vermehrungsprozess eingegriffen, sodass es bei der nächsten Generation zu unerwarteten Merkmalsausprägungen kommen kann. Um Pflanzen mit bestimmten Merkmalen zu vermehren, sollte daher auf samenfeste Sorten gesetzt werden.

Um die eigene Samenproduktion zu starten und erfolgreich Blumen anzubauen, fehlen nur einige wenige Schritte. Mit der Auswahl der Arten und der Aussaat beginnt die bunte Reise ins Blütenreich.

Durch eine ungeplante Kreuzung entstand diese wundervolle Rudbeckia. Ob ihre Nachkommen ähnlich aussehen werden?

2

Grundlagen der Botanik

»Die Schönheit der Schnittblumen schlummert in ihren Samen.«

Pflanzen sind perfekt an ihren natürlichen Standort angepasst. Viele unserer Schnittblumen sind nicht heimisch, können aber aufgrund ihrer Anpassungsfähigkeit im milden Klima unseres Sommers gut gedeihen. Aber nicht alle Pflanzen können sich auf natürliche Weise fortpflanzen, da ihr Lebenszyklus durch winterlichen Frost unterbrochen wird. Mit dem Lebewesen Pflanze, und damit auch mit Schnittblumen, befasst sich die Botanik. Sie beschreibt den Lebenszyklus einer Pflanze von der Keimung über die Pflanzenentwicklung (Blätter, Wurzel, Blüte) bis hin zur Samenreife. In der Botanik werden auch sämtliche Stoffwechselwege und die Genetik einer Pflanze beschrieben. Um reichlich und vor allem verlässlich Schnittblumen ernten zu können, helfen grundlegende Kenntnisse über die Botanik, müssen aber keinesfalls bis auf molekularer Ebene im Detail bekannt sein.

Der Frost verhindert die Ausbildung einer Blüte und damit die Ausbildung keimfähiger Samen. Der Lebenszyklus wird unterbrochen.

Die Samen einer Pflanze, hier der Kornblume, dienen der Fortpflanzung und der Vermehrung.

Starke Löwenmäulchen. Der Standort sorgt für die ideale Entwicklung der Pflanze.

Die Fortpflanzung von Landpflanzen findet entweder generativ über Samen oder vegetativ statt. Die vegetative Vermehrung erfolgt durch die Teilung bestimmter Pflanzenteile (vor allem Stecklingsvermehrung) bzw. durch Teilung der gesamten Pflanze.

Einjährige Schnittblumen, wie sie in diesem Buch als Auswahl beschrieben werden, pflanzen sich überwiegend generativ, also über Samen fort. Die beschriebenen Pflanzen gehören zu den Angiospermen, zu den Bedecktsamern, deren Samen während der Reife durch Fruchtblätter geschützt werden.

Bei der Fortpflanzung über Samen findet ein Generationswechsel statt. Durch Samen vermehrte Pflanzen werden als Tochtergenerationen bezeichnet.

Der Begriff »Fortpflanzung« beschreibt die Art und Weise, wie eine Pflanze den Fortbestand ihrer Art sichert. Dabei durchlebt jedes Individuum dieselben Stadien: von der Keimung bis hin zu den ausgereiften Samen, ein vollkommener einjähriger Lebenszyklus. Jede Pflanze bildet meist mehrere Blüten aus. Nach der Bestäubung werden teilweise Hunderte Samen gebildet. Diese können bereits im Jahr der Samenreife oder im folgenden Jahr neue Pflanzen hervorbringen, die sich im nächsten Sommer wiederum fortpflanzen. Aus einer Mutterpflanze geht also ein Vielfaches an Nachkommen hervor, die neue Generation. Die Pflanze hat sich fortgepflanzt.

Der Begriff »Vermehrung« kann sowohl die natürliche Fortpflanzung einer Pflanze beschreiben als auch eine von Menschen beeinflusste Fortpflanzung. In jedem Fall werden aus einer Mutterpflanze mehrere Samen der neuen Generation gebildet. Die Pflanze hat sich vermehrt.

Durch den Eingriff des Menschen in den Lebenszyklus von Schnittblumen kann an bestimmten Stellen Einfluss auf das Ergebnis von »Fortpflanzung« und »Vermehrung« genommen werden. Der Mensch greift in den Lebenszyklus zum Beispiel durch Pinzieren ein. Durch Kappung des Leittriebes werden mehr Stiele und darum mehr Blüten und auch mehr Samen gebildet. Oder der Mensch verhindert die Bestäubung durch Insekten und bestäubt eine Pflanze mit den Pollen einer anderen Pflanze mit bestimmten Eigenschaften händisch. Auch die Anzucht im Haus mit kontrollierbaren Temperaturen und zusätzlichem Licht stellt so einen Eingriff dar. Diese Eingriffe dienen der gezielten und optimierten Vermehrung der Pflanzen. Trotz der Möglichkeiten zur Optimierung kann eine Pflanze nur in den Grenzen ihres genetischen Bauplans auf Veränderungen in ihrer Umgebung reagieren.

Der Bauplan einer jeden Pflanze ruht in ihren Genen. Die Gene codieren die Merkmale, durch die eine jede Art sich von einer anderen Art unterscheiden lässt. Sie bestimmen die Form der Blätter und Blüten, die Farbe der Blüten sowie die optimalen Keim- und Wachstumsbedingungen. Diese Merkmale sind arttypisch. Jede Pflanze besitzt also einen Plan, in dem festgelegt ist, wie sie keimt, wächst, sich die Blätter und Blüten ausbilden, welchen Boden sie für eine ideale Entwicklung benötigt und wie die Samenreife abläuft. Innerhalb dieses Plans gibt es allerdings keine starren Grenzen. Es gibt optimale und weniger optimale Bedingungen, den Toleranzbereich. Unter optimalen Bedingungen entwickelt eine Pflanze ihr volles Potenzial. Optimale Keimbedingungen, optimale Wachstumsbedingungen, optimale Bedingungen in der Phase der Blütenbildung und bei der Samenreife. Hierbei geht es vor allem um Temperatur, Wasser, Lichtverhältnisse und die Bodeneigenschaften.

Stimmt eine dieser Bedingungen nicht mit den benötigten Voraussetzungen überein, verlässt also den Toleranzbereich, entwickelt sich die Pflanze nicht optimal. Das heißt nicht, dass sie sich gar nicht fortpflanzt, also gar keine Samen bilden kann. Möglicherweise werden kleinere, unscheinbarere Blüten an kürzeren Stielen und weniger Samen gebildet.

Über Jahrmillionen haben sich deshalb in allen Teilen der Welt Pflanzen ganz unterschiedlicher Ausprägung mit den unterschiedlichsten, an die jeweiligen Standortbedingungen angepassten Eigenschaften entwickelt (Evolution). Weil der Mensch schon immer Ausschau nach botanischen Besonderheiten gehalten und Pflanzen von Reisen mitgebracht hat, können wir heute Schnittblumen ernten, die ohne den Menschen nicht in unseren Gärten vorkommen würden.

Die Schönheit dieser Schnittblumen schlummert in ihren Samen.

Die Keimung

Mit der Keimung beginnt der Lebenszyklus einer einjährigen Schnittblume. Ausgelöst durch ideale Bedingungen beginnt die Entwicklung der Pflanze. Aus dem Embryo differenzieren sich die Pflanzenorgane: Wurzel, Sprossachse, Blätter und Blüten.

Besonders wichtig für die Keimung sind die Temperatur, die Lichtverhältnisse und die Wasserverfügbarkeit, wobei auch deren zeitliche Variabilität und das Verhältnis der Einzelfaktoren zueinander eine Rolle spielen.

Die Keimtemperatur beträgt für die meisten Schnittblumen um die 15 °C. Unter den Schnittblumen gibt es auch Arten, deren Keimung durch einen Kältereiz begünstigt wird. Diese werden als »Kaltkeimer« bezeichnet. Oft sind dies Arten, deren Pflanzen im Jungstadium auch Frost vertragen (zum Beispiel Einjähriger Rittersporn oder Jungfer im Grünen). Für diese Arten ist der Wechsel von höheren Temperaturen tagsüber (um 15 °C) zu niedrigen Temperaturen um den Gefrierpunkt nachts von Vorteil.

Die einjährigen Schnittblumen können in Licht- und Dunkelkeimer unterteilt werden. Diese Begriffe beschreiben eine bestimmte

Die Wasserverfügbarkeit ist eine der wichtigsten Voraussetzungen für die erfolgreiche Keimung.

Die Strohblume ist
ein Lichtkeimer.

Die Duftwicke ist ein
typischer Dunkelkeimer.

Eigenschaft des Samens bzw. der Pflanze, die ausschlaggebend für eine erfolgreiche Keimung ist.

Lichtkeimer besitzen bestimmte Proteine, die nur durch eine bestimmte Lichtwellenlänge aktiviert werden und so die Keimung der Pflanzen möglich machen. Erreichen diese Wellenlängen den Samen nicht, wird das Protein nicht aktiviert und der Samen kann nicht keimen. Daraus ergibt sich, dass das Samenkorn zur Keimung nicht mit Erde bedeckt werden darf. Ein Beispiel für eine Schnittblume, die ein Lichtkeimer ist, ist die Strohblume.

Samen von Dunkelkeimern hingegen müssen für die Keimung mit Erde bedeckt sein. Grund dafür ist, dass bestimmte Lichtwellenlängen die Keimung verhindern können. Mit Erde bedeckt, können diese Wellenlängen den Samen nicht erreichen und der Keimprozess beginnt. Ein Beispiel für einen Dunkelkeimer ist die Duftwicke.

Stimmen nun alle Bedingungen für eine Keimung, beginnt die Entwicklung der Pflanze aus dem Embryo, der bisher im Samen geschlummert hat.

Warum keimen die meisten Pflanzen erst bei 15 °C? Das liegt hauptsächlich daran, weil die an der Keimung beteiligten Enzyme erst bei dieser Temperatur aktiv werden können, die Pflanzen hier also ihr Temperaturoptimum zur Keimung gefunden haben. Es spielen auch noch viele andere Faktoren eine Rolle. Diese weiteren Faktoren sind auch in den Genen der Pflanze begründet, sind aber für den Schnittblumenanbau zu Hause in der Regel nicht relevant, weil wir sie nur schwerlich beeinflussen könnten.

Die Jungpflanze einer Cosmea mit zwei Keimblättern und einem Laubblattpaar.

Wie bei dieser Einjährigen Skabiose werden ausnahmsweise auch mal drei Keimblätter gebildet.

Die Keim- und Laubblätter

Bei Pflanzen werden die Blätter in Keim-, Primär- und Folgeblätter unterschieden. Primär- und Folgeblätter werden hier der Einfachheit halber als Laubblätter bezeichnet. Schnittblumen gehören botanisch zu den zweikeimblättrigen Pflanzen (Dikotyledonen). Das heißt nicht mehr, als dass sie in der Regel zwei Keimblätter ausbilden. Ausnahmen gibt es immer. Manchmal kommt es vor, dass drei Keimblätter gebildet werden.

Die Keim- und Laubblätter sind neben der zarten Sprossachse einer Jungpflanze das erste Grün, was von einer erfolgreichen Keimung zeugt. Durch die Ausbildung der fotosynthesefähigen Pflanzenteile kann sich die Pflanze nun unabhängig vom Samen weiterentwickeln.

Bei der sogenannten epigäischen Keimung, die bei fast allen Schnittblumen beobachtet werden kann, durchbrechen die Keimblätter an der sich streckenden Sprossachse den Boden. Die Keimblätter unterscheiden sich oft deutlich von den Laubblättern. Die Blattform und der Blattrand der Laubblätter können sich im Laufe des Pflanzenwachstums in ihrer Gestalt ändern. Sie können unterschiedlich groß sein (Anisophyllie) oder eine anders ausgeprägte Fiederung entwickeln wie die

Zweikeimblättrige Pflanzen bilden zwei Keimblätter aus (1). Anschließend wird das erste Laubblattpaar (2) gebildet. An der sich streckenden Sprossachse (3) werden weitere Blattpaare gebildet.

Jungfer im Grünen oder der Einjährige Rittersporn und sich so in der Form unterscheiden (Heterophyllie). Dieses Phänomen kann auch bei der Einjährigen Skabiose und der Dahlie beobachtet werden.

Es gibt aber auch Pflanzen, bei deren Keimung die Keimblätter nicht den Boden durchbrechen. Die Keimblätter bleiben im Samen. Sie keimen hypogäisch. Und erst die Laubblätter recken sich mit der Sprossachse aus dem Boden empor. So machen manche Schnittblumen den Anschein, als würden sich die »Keimblätter«, die ja eigentliche keine sind, nicht von den Laubblättern unterscheiden. Ein Beispiel hierfür ist die Duftwicke.

Im Laufe des Pflanzenwachstums verändert sich die Gestalt der Blätter. Bei der Jungfer im Grünen wird die Fiederung der Blätter immer feiner.

Bei der Duftwicke scheinen die Keimblätter zu fehlen. An der sich streckenden Sprossachse erscheinen direkt die ersten Laubblätter.

Während der oberirdischen Entwicklung der Pflanze wird zeitgleich unterirdisch das arttypische Wurzelsystem entwickelt. Die Wurzelsysteme reichen teilweise tief und verzweigen sich reichlich. Die typische Wurzelentwicklung sollte auch bei der Anzucht berücksichtigt werden. Je besser die Bedingungen für die Wurzelentwicklung bei der Anzucht sind, umso besser entwickeln sich die Jungpflanzen. Die Duftwicke ist ein gutes Beispiel für die Ausbildung eines tiefreichenden Wurzelsystems, weswegen diese Art in tiefen Anzuchtgefäßen am besten gedeiht (siehe Porträt »Duftwicke«).

Mache Wurzelsysteme sind außerdem so typisch für eine Art, dass sie als Merkmal bei der Bestimmung herangezogen werden können. Die Wurzeln können zum Beispiel eine bestimmte Farbe haben, wie bei der Jungfer im Grünen.

Die Wurzeln der Jungfer im Grünen sind gelb. Sie können als Bestimmungsmerkmal herangezogen werden.

Beispiele für unterschiedliche Gestalten der Keimblätter: Rudbeckia hat runde Keimblätter (links), die Keimblätter der Wilden Möhre sind sehr lang und schmal (rechts).

Ein Blatt einer zweikeimblättrigen Pflanze ist grundsätzlich aus der Blattspreite und, solange es sich nicht um sitzende Blätter handelt, dem Blattstiel sowie dem Blattgrund aufgebaut. Der Bereich, in dem sich die Blattstieloberseite von der Sprossachse trennt, heißt Blattachsel. Das Blatt ist mit Blattadern durchzogen, die sich manchmal farblich vom Rest des Blattes unterscheiden. Meist ist die Mittelrippe besonders auffällig ausgeprägt.

Die Keimblätter sind wenig aufwendig gestaltet. Sie unterscheiden sich von Art zu Art meist nur in ihrer Form. Mal sind sie rund (Rudbeckia), mal sind sie lang und schmal (Wilde Möhre), mal an der Spitze (Einjährige Skabiose), am Blattrand oder am Blattgrund (Buntschopfsalbei) eingekerbt.

Am Beispiel des Laubblattes einer Dahlie lässt sich der Blattaufbau darstellen: Blattspreite (1), Blattstiel (2), Blattgrund (3), Blattadern (4), Mittelrippe (5).

Die Keimblätter der Einjährigen Skabiose (links) sind an der Blattspitze, die des Buntschopfsalbeis am Blattstiel (rechts) eingekerbt.

Die Unterscheidung von Schnittblumen anhand der Keimblätter ist manchmal schwierig. Hier hilft es, die Entwicklung der ersten Laubblätter abzuwarten. Auf beiden Bildern unten sind links Zinnien und rechts Einjährige Skabiosen gewachsen.

Wenn die Bestimmung einer Art über die Keimblätter nicht möglich ist, ist es hilfreich, auf die Ausbildung der ersten Laubblätter zu warten. Diese können ganz unterschiedlich ausgeformt sein und ermöglichen eine sichere Differenzierung.

Die Laubblätter dienen als Erkennungsmerkmal zur Bestimmung von Arten. Diese sind bereits bei den Jungpflanzen unterschiedlich ausgeprägt und machen es so möglich, Arten in der frühen Wachstumsphase voneinander zu unterscheiden.

Angefangen bei Blättern mit Stiel oder ohne Stiel, lassen sich anhand der Blattform und des Blattrandes Unterschiede erkennen. Teilweise umschließen die Blätter die Sprossachse der Pflanze sogar und ein Blattstiel fehlt ganz. Bei einigen Schnittblumenarten helfen andere Besonderheiten der Laubblätter, sie schnell zu erkennen. Sie haben zum Beispiel einen dunklen Blattrand, wie das Chinesische Vergissmeinnicht.

Die Laubblätter der Zinnien haben keinen Stiel und umschließen die Sprossachse mit ihrem Blatt.

Als Unterscheidungsmerkmal können die besonderen Eigenschaften der Laubblätter dienen. Das Chinesische Vergissmeinnicht hat einen deutlich erkennbaren dunklen Blattrand, was eine Bestimmung ermöglicht.

Schnittblumen können bereits in jungem Stadium anhand der Laubblätter bestimmt werden. Diese Fragen helfen bei der Bestimmung:

- Ist das Laubblatt gestielt?

Einen langen Blattstiel haben die Jungfer im Grünen, der Einjährige Rittersporn oder die Wilde Möhre.

Einen kurzen Blattstiel haben der Buntschopfsalbei, das Chinesische Vergissmeinnicht, das Löwenmäulchen und die Rudbeckia.

Einen besonders kurzen oder verbreiterten Blattstiel haben die Cosmea, die Dahlie, die Duftwicke, die Einjährige Skabiose, die Kornblume, die Kornrade, die Ringelblume, die Strohblume, die Tagetes und die Zinnie.

- Welche Blattform hat das Blatt?

Die Blattform bezieht sich auf den Umriss der gesamten Blattspreite, auch wenn der Blattrand tief eingeschnitten ist. Der Blattrand ist der äußere Rand der Blattspreite. Wie bei anderen arttypischen Merkmalen können diese von Pflanze zu Pflanze variieren. Es gibt Übergangsformen.

Die Blattform reicht von rund über eiförmig bis hin zu lanzettlich (schmal und lang). Die ersten Laubblätter der Rudbeckia sind nahezu rund, die des Buntschopfsalbeis eiförmig und die der Kornrade lanzettlich.

Die Blattstiele der Jungfer im Grünen (oben), des Einjährigen Rittersporns (Mitte) und der Wilden Möhre (unten) sind lang.

Der Blattstiel der jungen Laubblätter ist beim Chinesischen Vergissmeinnicht (oben) und beim Löwenmäulchen (Mitte) kurz.

Die unterschiedlichen Blattformen sind schon früh erkennbar und machen eine Bestimmung möglich. Die Blattformen reichen von rund (Rudbeckia, unten links) über eiförmig (Buntschopfsalbei, unten Mitte) bis hin zu lanzettlich (Kornrade, unten rechts).

- Wie ist der Blattrand ausgeprägt?

Der Blattrand kann noch vielfältiger in seiner Ausprägung sein als die Blattform. Viele Schnittblumen haben ganzrandige Laubblätter. Bei anderen Arten ist der Blattrand beispielsweise gesägt oder gekerbt. Die Blattränder können bis zur Mittelrippe gesägt oder gekerbt sein, sodass es den Anschein macht, es handele sich um mehrere Blätter.

Die Blattform und die Blattrandausprägung können besonders bei den weniger differenzierten ersten Laubblättern bei unterschiedlichen Arten ähnlich sein. Deshalb hilft es, Besonderheiten einzelner Arten zu kennen und vielleicht auf weitere Laubblätter und deren Blattform zu warten. Bei Buntschopfsalbei, Kornblume, Kornrade und Rudbeckia sind die Laubblätter auffällig behaart. Auch die Ausprägung der Blattadern kann hilfreich bei der Bestimmung sein.

Die Gestalt der Laubblätter von Pflanzen ist weitaus vielfältiger, als hier beschrieben.

Tief gesägtes Laubblatt der Tagetes

Der Blattrand des Buntschopfsalbeis ist gekerbt.

Ganz wichtig bei diesen Betrachtungen ist, dass es zwar ein »Idealbild« einer jeden Art gibt, bei dem alle Merkmale arttypisch ausgeprägt sind, es aber zu zahlreichen Variationen kommen kann. Diese Variationen sind auf die von außen auf die Entwicklung der Pflanze wirkenden Faktoren, wie unter anderem Wasserverfügbarkeit und Lichtangebot, zurückzuführen. So kann es sein, dass durch Wassermangel die gesamte Pflanze – und damit auch ihre Blätter – kleiner ist als gewöhnlich oder die Blattfarbe mangels Licht aufgehellt wird.

Diese Variationen sind Reaktionen der Pflanze auf ihre Standortbedingungen und deshalb nur sichtbar, wenn sie unter sich ändernden Bedingungen keimen und aufwachsen.

Hinzu kommen genetische Variationen, die sich in der Merkmalsausprägung zeigen, und zu einer gewissen Variabilität innerhalb einer Art, zum Beispiel in der Ausprägung der Blattränder, führen können. Die Ausprägungen der Blattform oder des -randes variieren mit dem Blattalter stark. Bei vielen Arten, wie beispielsweise dem Einjährigen Rittersporn, nimmt die Fiederung zu.

Zusätzlich sind bestimmte Merkmale nicht immer eindeutig einer Beschreibung zuordenbar, sodass zur Bestimmung mehrere Merkmale herangezogen werden sollten.

Die Fiederung der Laubblätter nimmt bei den jüngsten Blättern meistens zu. Beim Einjährigen Rittersporn wird dies bereits bei den Jungpflanzen deutlich.

Die Blütenbildung

Nachdem eine Pflanze gekeimt ist, beginnt sie mit der Ausbildung ihrer vegetativen Pflanzenorgane. Sie streckt sich mit ihrem Stiel (Sprossachse) vertikal Richtung Sonne, bildet weitere Blätter aus und lässt ihre Wurzeln tiefer in den Boden wachsen. Um sich fortpflanzen zu können, bildet sie in ihrer weiteren Entwicklung Blütenorgane aus.

Für die Ausbildung der Blütenorgane sind Pflanzenteile verantwortlich, die erst durch bestimmte Reize ihre Arbeit beginnen. Welche Reize das sind, ist wissenschaftlich noch nicht abschließend geklärt. Es wird aber angenommen, dass die Ausbildung der Blüten vom verfügbaren Licht bestimmter Wellenlänge und einer bestimmten Abfolge unterschiedlicher Temperaturen abhängig ist. Stimmen Lichtangebot und Temperaturvariation, werden in der Pflanze Prozesse ausgelöst, die zur Blütenbildung führen. Auch das Aufblühen der Blüten kann von bestimmten äußeren Reizen abhängig sein.

Nach der Entwicklung der Blätter erfolgt die Bildung von Blüten.

Durch das Lichtangebot und die Temperatur wird nicht nur die Blütenbildung angeregt, sondern es wird auch das Aufblühen der Blüten bestimmt. Deshalb sollte besonders im Freilandschnittblumenanbau darauf geachtet werden, die Aussaat der Blumen nicht zu spät im Jahr zu beginnen.

Ganz allgemein gilt, eine Schnittblume benötigt etwa 120 Tage von der Aussaat bis zur Blüte. Die Blütenbildung ist von Licht und Temperatur abhängig und benötigt einen bestimmten Rhythmus, um zur Blüte zu gelangen. So kann es zwar sein, dass beispielsweise die Temperaturen prinzipiell ausreichen, aber die länger werdenden Nächte die Blütenbildung und das Aufblühen hemmen. Trotzdem sollte eine frostempfindliche Art nicht zu früh ausgesät werden, da eine Kultivierung im Haus bis nach den letzten Nachtfrösten nur unter bestimmen Licht- und Temperaturverhältnissen gelingt.

Die Morphologie der Blüten

Das Aussehen (die Morphologie) einer jeden Blüte ist charakteristisch für jede Art und somit das sicherste Bestimmungsmerkmal.

Die großen roten Zungenblüten werden allgemein als Blütenblätter bezeichnet. Die kleineren kräftig gelben Röhrenblüten sind als Blüten erst bei genauerem Hinsehen erkennbar.

Eine Blüte besteht aus dem Blütenboden, Kelchblättern, Kronblättern, Staubblättern und Fruchtblättern. Die Kelch- und Kronblätter bilden die Blütenhülle, die die Staub- und Fruchtblätter schützt. Teilweise sind beim Blütenaufbau auch besondere Blattformen, die Hüllblätter, beteiligt. Die einzelnen Blüten sind durch bestimmte Verzweigungssysteme zu Blütenständen, auch Infloreszenzen genannt, zusammengesetzt oder eine einzeln erscheinende Blüte besteht bei genauer Betrachtung aus unterschiedlich ausgeformten kleinen Blüten (Zungen- und Röhrenblüten), die in einem bestimmten Muster angeordnet sind. Dieses Phänomen wird als Blütendimorphismus bezeichnet. Die Zungenblüten und Kronblätter werden allgemein Blütenblätter genannt. Manchmal sind die Hüllblätter farbig, sodass sie aussehen wie Blütenblätter.

Eine Blüte ist immer Teil der gesamten Pflanze und wird durch spezialisierte Pflanzenorgane, an der Sprossachse oder an deren Seitentrieben, gebildet.

Am Ende eines Haupttriebes sitzt bei einfachen Blütenständen eine Knospe, wie hier bei der Cosmea.

Die Wilde Möhre ist eine typische Vertreterin der Pflanzen mit zusammengesetzten Blütenständen.

Das Löwenmäulchen ist ein typischer Vertreter für traubige Blütenstände.

Nach der Erscheinungsform lassen sich die Blütenstände in einfache oder zusammengesetzte Blütenstände einteilen.

Als einfache Blütenstände werden diejenigen bezeichnet, deren einzelne Blüten direkt vom Haupttrieb ohne weitere Verzweigung abgeleitet werden. Gegenteilig dazu werden zusammengesetzte Blütenstände dadurch charakterisiert, dass die einzelnen Blüten an verzweigten Seitentrieben gebildet werden.

Zu den einfachen Blütenständen gehören die Traube, die Ähre, der Kolben, die Dolde und das Köpfchen (auch Korb oder Körbchen genannt).

Das Löwenmäulchen, der Buntschopfsalbei, die Duftwicke und der Einjährige Rittersporn bilden beispielsweise traubige Blütenstände aus, bei der jede Einzelblüte gestielt ist.

Die Cosmea, die Dahlie, die Einjährige Skabiose, die Jungfer im Grünen, die Kornblume, die Kornrade, die Rudbeckia, die Strohblume, die Tagetes und die Zinnie bilden ihre Blüten als Köpfchen bzw. Körbchen aus. Die Blüten sind aus Zungen- und Röhrenblüten zusammengesetzt.

Zu den zusammengesetzten Blütenständen gehören die Doppeltraube, die Doppelähre, die Doppeldolde, die Rispe und Thyrsus.

Die Blüte der Wilden Möhre erscheint in einer Doppeldolde. Das Chinesische Vergissmeinnicht bildet doppeltverzweigte Rispen (Zymen) aus.

Ähren-, Kolben- und Doldenblütler sowie Doppeltrauben, -ähren und Thyrsusblütler sollen hier nicht näher beschrieben werden, da sie unter den porträtierten Schnittblumen nicht vertreten sind.

Die Blüten des Chinesischen Vergissmeinnichts öffnen sich nacheinander. So kann eine Selbstbestäubung verhindert werden.

Die Bestäubung

Viele einjährige Schnittblumen, so auch die hier beschriebenen, lassen sich sehr gut durch Samen vermehren. Die Samen können gebildet werden, wenn alle Bedingungen optimal sind, die Blüte zum richtigen Zeitpunkt voll ausgebildet ist und bestäubt wird.

Die generative Fortpflanzung und damit die Vermehrung einer Pflanze über Samen setzt eine Befruchtung (Bestäubung) bestimmter Blütenorgane voraus. Hierzu muss der Pollen, der in den Staubblättern produziert wird, an der Narbe der Fruchtblätter haften bleiben. Nun erfolgt die Befruchtung. Zwei im Pollen befindliche Zellkerne verschmelzen mit zwei Mutterzellen in einem ausgereiften Ovarium. Aus dem befruchteten Ovarium geht der Samen hervor, der ein Nährgewebe und den Embryo enthält. Beides ist durch eine Samenschale geschützt. Die Samenschale und die Form des Samens sind charakteristisch für die jeweilige Art.

An der Zinnie lassen sich die unterschiedlichen Blütenorgane gut erkennen: die gelben pollentragenden Staubblätter der zwittrigen Röhrenblüten und die feinen Narben der Fruchtblätter an den rosa Zungenblüten, den »Blütenblättern«.

Die meisten Schnittblumen sind einhäusig (monözisch) und zwittrig. Das heißt, sie bilden sowohl weibliche (Narben) als auch männliche Blütenorgane (Staubblätter) an einer Pflanze aus. Damit es nicht zu einer Selbstbefruchtung kommt, haben Pflanzen unterschiedliche Strategien entwickelt. Die Blütenorgane reifen beispielsweise zu unterschiedlichen Zeitpunkten aus. Die bestäubenden Insekten sammeln den Pollen an der einen Pflanze, an der die Narben noch nicht ausgereift sind und so keine Befruchtung stattfinden kann, fliegen dann auf der Suche nach Nahrung zur nächsten Pflanze, an der die Narben bereits ausgereift sein können, und bestäuben diese. Besonders gut zu beobachten ist das bei Pflanzen, deren Blüten sich in Trauben oder Rispen von unten nach oben nacheinander öffnen. Ein anderer Weg, um die Selbstbestäubung zu verhindern, ist die genetische Inkompatibilität. Diese beruht darauf, dass eine Verschmelzung der Zellkerne aus Pollen und Ovarium verhindert wird.

Die Vermehrung von Schnittblumen erfolgt in der Regel durch Fremdbestäubung. Dies hat zur Folge, dass es immer wieder zur Ausprägung von neuen Merkmalen kommt. Diese sind bei natürlichen Bestäubungsprozessen zunächst darauf ausgelegt, eine vorhandene Population zu erhalten, im Idealfall zu vermehren und über einen gewissen Zeitraum eine Anpassung an den vorhandenen Lebensraum zu erreichen.

Wenn der Mensch in den Bestäubungsprozess durch züchterische Maßnahmen (Handbestäubung oder Selektion) eingreift, dann mit dem Hintergrund, bestimmte Merkmale zu erhalten oder neu zu kombinieren. Der Fokus liegt häufig auf der Blütenfarbe, der Stiellänge oder der Vasenhaltbarkeit.

Die Blüten des Löwenmäulchens lassen sich nur von Insekten bestäuben, die die »Mäulchen« der Blüten öffnen können. Hier eine große Hummel.

Die Selbstbestäubung bei Pflanzen ist bei einigen Arten der einzige Weg, um eine Population an einem Standort zu erhalten. Dies ist darauf zurückzuführen, dass an dem jeweiligen Standort die bestäubenden Insekten fehlen. Somit ist die Selbstbestäubung, als Mechanismus zur Arterhaltung, keinesfalls als negativ zu betrachten. Aus ihr gehen allerdings wenig genetische Neukombinationen hervor.

Bei Schnittblumen, die häufig aus tierreichen Gebieten der Erde stammen, sind die Blüten so beschaffen, dass sie fremdbestäubt werden (müssen). Als Bestäuber gelten in unseren Breiten meistens Insekten. Anderswo kommen auch Fledermäuse als Bestäuber zum Einsatz. Die Blüten sind so ausgestaltet, dass sie durch Käfer, Bienen, Falter oder Fliegen bestäubt werden können. Teilweise sind die Blüten sogar auf bestimmte Arten angewiesen, weil die Blüten so aufgebaut sind, dass der Pollen und die Narben nur von Insekten erreicht werden können, die bestimmte Eigenschaften (Rüssellänge, Körperform usw.) haben.

Während der Samenreife sind die Samen über den Samennabel mit der Mutterpflanze immer in Verbindung, wie bei dieser Kornrade gut zu erkennen.

Reife Samen der Duftwicke mit Samennabel

Die Samenreife

Nach der Bestäubung der Blüte erfolgt die Samenreife. Während der Samenreife bleibt der sich entwickelnde Samen über den Samennabel (Hilum) immer mit der Mutterpflanze in Verbindung. Diese Verbindung gewährleistet die Versorgung des Embryos mit Nahrung und Wasser.

Der Samen besteht aus einer Hülle (Samenschale), dem Nährgewebe (Endosperm) und dem Embryo. Der Embryo enthält den Bauplan der Pflanze, der sich aus den Eigenschaften beider Eltern zusammensetzt. Aus dem Embryo entwickelt sich die Pflanze mit ihren typischen Merkmalen. Die Samenschale der meisten Schnittblumen ist anfangs grünlich und erst im reifen Zustand dunkel gefärbt. Bei einigen Arten ist deutlich die Stelle zu erkennen, an der der Samen während des Reifeprozesses mit der Mutterpflanze verbunden war.

Die Samenreife bei Schnittblumen erfolgt geschützt in einer »Frucht«. Als Frucht wird bei angiospermen Samenpflanzen die Hülle, die die Samenanlagen schützt, verstanden. Diese Hülle wird aus spezialisierten Blütenorganen, den Fruchtblättern, gebildet.

Die Ausformung der Frucht kann ganz unterschiedlich sein. Meist ist sie aber, nach vollkommener Ausreifung des Samens, getrocknet und nicht mehr grün. Die Früchte, oder auch Samenstände, beherbergen mal einen, mal mehrere ausgereifte Samen.

Die Samen des Chinesischen Vergissmeinnicht haften an fast jeder Oberfläche und werden so an andere Orte getragen.

Geöffnete Samenkapsel des Löwenmäulchens. Bei Berührung der langen trockenen Stiele fallen die Samen heraus.

Die Samen der Strohblume sind mit einem Pappus ausgestattet. Er dient der Ausbreitung der Samen durch Wind.

Samenstände von Rudbeckia im Winter

Der Nachwuchs der Jungfer im Grünen lässt sich auch an den Kapselresten erkennen.

Damit sich aus den Samen neue Pflanzen bilden können, müssen diese aus den Samenständen entlassen werden. Hierfür öffnet sich nach vollständiger Reife die Frucht an einer bestimmten Stelle und lässt die Samen frei. Oder die schützende Hülle öffnet sich erst unter bestimmten Bedingungen und der Samen bleibt in der ihn fest umgebenden Hülle.

Die Verbreitung der Samen, und damit die Sicherung der neuen Generation, erfolgt manchmal durch faszinierende Mechanismen. Bei dem Löwenmäulchen werden die Samen aus den kleinen Öffnungen der ausgetrockneten Frucht bei Berührung herausgeschleudert. Andere Samen haften durch ihre Oberflächenstruktur am Fell von Tieren und fallen an anderer Stelle wieder ab. Bei der Verbreitung der Samen durch Wind hilft der Pappus. Der Pappus sind veränderte Kelchblätter, die zu federleichten Haaren ausgebildet sein können. Dadurch kann der Samen vom Wind getragen werden.

Oft bleiben die Samenstände lange an der Sprossachse stehen und verzieren die Beete mit den unterschiedlichsten Formen. Die vertrockneten Pflanzen oder deren Reste können dann als Hinweis auf bevorstehenden Pflanzennachwuchs erkannt werden oder anzeigen, dass mit der nächsten Generation einer Art in der Nähe dieser Pflanze zu rechnen ist. Es lohnt sich, in der Nähe solcher »Pflanzengerippe« entweder im Spätsommer und Herbst oder im zeitigen Frühjahr nach Nachwuchs Ausschau zu halten.

Die unterschiedlichen Formen der Frucht können ebenfalls als Erkennungsmerkmale oder Hinweise auf Selbstaussaat herangezogen werden. Nicht nur die Pflanzengerippe, sondern auch Reste der Samenstände bzw. der Frucht helfen, sich in den Beeten zu orientieren.

Eine Vertreterin einer Schnittblume, die Öffnungsfrüchte bildet, ist die Duftwicke. Ihre Früchte öffnen sich an zwei Nähten und lassen die Samen herausfallen.

Geöffnete Ringelblumensamenschalen

Bei den Samenpflanzen werden Öffnungsfrüchte und Schließfrüchte unterschieden. Als Öffnungsfrüchte werden Samenstände bezeichnet, die sich nach der Reife an einer bestimmten Stelle öffnen und die Samen so freigeben. Die Samen haben eine feste Samenschale. Abhängig von der Art und Weise, wie sich die Frucht öffnet, werden bestimmte Bezeichnungen für die Frucht gewählt.

- Balgfrüchte: öffnen sich an einer Naht (zum Beispiel Einjähriger Rittersporn)
- Hülsenfrüchte: öffnen sich an der Bauch- und Rückennaht (zum Beispiel Duftwicke)
- Kapselfrüchte: ein- oder mehrfächrige Fruchtstände (zum Beispiel Jungfer im Grünen, Löwenmäulchen, Kornrade), die sich ganz öffnen oder nur »Poren« ausbilden, durch die die Samen herausfallen

Schließfrüchte öffnen sich hingegen nicht. Zu den Schließfrüchten gehören viele Schnittblumenarten. Sie bilden Früchte aus, die nur einen Samen enthalten. Die Fruchtwände übernehmen hier den Schutz des Samens, der bei den Schließfrüchten nur eine dünne Samenschale besitzt. Wird die Frucht geöffnet, kommt der empfindliche Samen zum Vorschein. Es wird zwischen mehreren Typen unterschieden.

Als Nüsse werden Früchte mit geschlossener Samenschale ohne Öffnung bezeichnet. Vertreterinnen sind Cosmea, Dahlie, Einjährige Skabiose, Kornblume, Rudbeckia, Ringelblume, Strohblume, Tagetes und Zinnie.

Die Zerfallfrüchte gehören auch zu den Schließfrüchten. Es sind Früchte, die je nach Anlage unterschiedlich »zerfallen« (zum Beispiel Klausenfrüchte des Buntschopfsalbeis oder des Chinesischen Vergissmeinnicht). Eine weitere Art von Schließfrüchten sind die Spaltfrüchte, zum Beispiel von Wilder Möhre.

Die Zuordnung einer Art zu einem bestimmten »Fruchttypen« ist nicht immer einfach. Um aber bei einem ausgereiften Samenstand erkennen zu können, ob die Samen tatsächlich reif sind, ist es wichtig erkennen zu können, was genau der Samen, also der Embryoträger, ist.

Eine Vertreterin, die ihre Samen als Nüsse ausbildet, ist die Cosmea.

Die Samenmerkmale

Umgangssprachlich ist der Samen einer Pflanze derjenige Teil, den wir aussäen. Interessanterweise kommen hier aber die zuvor beschriebenen unterschiedlichen Fruchtformen ins Spiel.

Der eigentliche Samen, also der Teil, der die Erbinformation und den Embryo sowie das Nährgewebe enthält, versteckt sich oft in den Schließfrüchten. Er ist umgeben von einer Hülle (Fruchtwand), die ganz unterschiedlich ausgeprägt sein kann (Heterokarpie). Bei der Ringelblume ist dies besonders auffällig.

Anders ist es bei den Öffnungsfrüchten. Den Schutz des Samens bis zur Samenreife übernimmt hier auch eine arttypisch ausgeformte Fruchthülle. Diese öffnet sich jedoch und aus dieser Hülle werden dann die ausgereiften Samen entlassen. Die Samen haben eine feste Samenschale.

Die Unterscheidung der Fruchtarten kann bei der Ernte von Samen hilfreich sein. So ist es einfacher zu erkennen, welcher Teil des ausgereiften Fruchtstandes überhaupt einen Samen enthält.

Die unterschiedlichen Formen der Ringelblumensamen fallen besonders auf und sind ein gutes Beispiel für Heterokarpie.

Die Samen der Öffnungsfrüchte, die den Embryo enthalten, sind einfacher zu erkennen. Die Samenschale ist im reifen Zustand meist dunkelbraun bis schwarz gefärbt, sehr fest und mit dem inneren Teil verbunden. Die Oberfläche kann glatt und glänzend oder matt und strukturiert sein. Es gibt zahlreiche Formen von rund bis flach, von schmal bis breit.

Die Samen der Schließfrüchte hingegen sind meist hellgrau bis beige und lassen sich zwischen den Fingern leicht zerdrücken. Die sie umgebenden Fruchthüllen sind bräunlich beige und mal mehr und mal weniger fest. Die Form der Fruchthüllen ist sehr vielfältig. Sie kann fallschirmartig oder mondförmig sein und dient als Bestimmungsmerkmal.

Beiden Fruchtformen ist gemeinsam, dass die Vermehrungseinheit, also der Samen, dem Erhalt der Art dient. Um die Verbreitung der Arten zu erreichen, haben die Samenpflanzen unterschiedliche Strategien entwickelt. Es gibt Arten, bei denen fallen die Samen einfach zu Boden (zum Beispiel bei der Kornrade). Andere Arten werden an den Stielen aus den Früchten regelrecht herausgeschleudert. Andere haften an vorbeistreifenden Tieren und fallen andernorts aus dem Fell (zum Beispiel bei dem Chinesischen Vergissmeinnicht). Wieder andere werden vom Wind getragen (zum Beispiel der Samen der Strohblume).

Geöffnete Fruchthülle der Kornrade, aus der die ausgereiften Samen herausfallen

Die Samen und deren Hüllen sind so unterschiedlich wie die Blüten der Schnittblumen.

3

Selektion

Das komplexe, evolutionär perfekt ausgereifte System der Vermehrung von Blütenpflanzen über deren Samen fasziniert schon viele Jahrhunderte die Menschen auf der ganzen Welt. Bevor es zur Entdeckung der Vererbungsregeln und deren Anerkennung in der Wissenschaft sowie zur Entschlüsselung des genetischen Codes der Lebewesen kam, wurden Pflanzeneigenschaften durch Beobachtung und Auswahl optimiert. Es wurde geschaut, welche Pflanze wächst an welchem Standort am besten und bringt die schönsten Blüten und Früchte hervor. Von diesen Pflanzen wurden die Samen gesammelt und wiederum ausgesät. So konnten über Jahre hinweg die gewünschten Eigenschaften optimiert und wundervolle Blüten entwickelt werden. Dieses Vorgehen wird »Selektion« oder »Auslese« genannt.

Die Vermehrung der Wilden Möhre und der Erhalt der weißen und roten Sorte gelingen leicht.

Das Vermehren von Blumensamen für den Eigenverbrauch ist unproblematisch und nicht durch Sortenrechte oder Saatgutverkehrsgesetze eingeschränkt.

Der Verkauf von selbst vermehrtem Saatgut ist in Deutschland, Österreich und der Schweiz hingegen gesetzlich streng geregelt. Es ist daher wichtig, sich vor der Vermehrung von Samen für den Verkauf über die geltenden Gesetze zu informieren.

Um Schnittblumen nach bestimmten Merkmalen selbst zu vermehren, ist botanisches Hintergrundwissen sehr hilfreich, besonders im Hinblick auf den Erhalt und die Vermehrung bestimmter Arten und die Entwicklung eigener Sorten.

Bei der Vermehrung und beim Erhalt bestimmter Blumen, wie hier beschrieben, findet das Prinzip »Beobachten und Auswählen« seine Anwendung. Konnte im Laufe einer Saison bei einer Pflanze ein besonders kräftiges und gesundes Wachstum beobachtet werden und die hervorgebrachten Blüten sind besonders schön, dann wird diese Mutterpflanze zur Samenernte ausgewählt. Um tatsächlich eine neue Sorte oder Varietät zu etablieren, braucht es oft mehrere Jahre, da sich die Stabilität bestimmter Merkmale nicht in der ersten Tochtergeneration (F1-Generation) erkennen lässt. Ist das gewünschte Merkmal in der nächsten Generation (F2-Generation) wieder ausgeprägt, kann es sein, dass es stabil ist. Solange die Vermehrung für den eigenen Anbau erfolgen soll, ist der Prozess der Selektion aber oft schon dann ein Erfolg, wenn die F1-Generation besondere Blüten und kräftige Pflanzen hervorbringt. Nach und nach können über Jahre dann wunderbare »Haussorten« entstehen.

Das theoretische Hintergrundwissen hilft dabei zu erkennen, an welchen Stellen des Lebenszyklus eingegriffen werden und eine gewisse Richtungsgebung bei der Vermehrung erfolgen kann. Bei der Vermehrung von Samenpflanzen kann zu unterschiedlichen Zeitpunkten in den Lebenszyklus eingegriffen werden. In jedem Fall fällt die Entscheidung aufgrund von äußeren Merkmalen.

Orientiert am Lebenszyklus einer Pflanze kann bereits in der Phase der Keimung eine Auswahl getroffen werden. In der weiteren Entwicklung wird das Wachstum beobachtet. Später liegt der Fokus auf der Entwicklung von Blütenansätzen. Die wichtigste und offensichtlichste Phase, in der über eine Pflanze und deren Vermehrung entschieden wird, ist die Blütezeit. Es folgt dann die Samenernte, die helfen kann, zwischen guter und weniger guter Vermehrung zu unterscheiden.

Unterschiedlicher Reifegrad von Duftwickensamen. Die grünen Samen sind noch nicht vollständig ausgereift und keimen vielleicht nicht gut.

Der Einjährige Rittersporn keimt generell unregelmäßig, was kein Anzeichen für geringwertiges Saatgut ist.

Phase der Keimung

Wird bei einer Produktionseinheit von Samen festgestellt, dass nicht alle ausgesäten Samen keimen, kann das unterschiedliche Gründe haben und ist nicht unbedingt auf die fehlende Fähigkeit der Pflanze zur Bildung von keimfähigen Samen zurückzuführen.

Vor der Aussaat selbst geernteten Saatgutes ist es wichtig, sich dieses genau anzusehen. Hierbei können beispielsweise nicht ausgereifte oder beschädigte Samen aussortiert werden. Das geht natürlich nur bei größeren Samen wie bei der Duftwicke. Ist das Saatgut zu früh geerntet worden, kann es sein, dass der Embryo nicht keimfähig ist, sodass sich keine Pflanze daraus entwickeln kann.

Bei der Ernte des Saatgutes sollte auf die Reife des Samenstandes bzw. der Fruchtstände geachtet werden. Sind diese trocken, nicht mehr grün und haben sich bereits geöffnet, fallen die Samen bei Berührung heraus oder bleiben am Pullover hängen; vielleicht ist bereits der ganze Stiel abgetrocknet? Dann können die Samen geerntet werden.

Wird bei der Beobachtung der Keimung festgestellt, dass nur ein geringer Teil der

Samen zu keimen beginnt, kann es auch daran liegen, dass die Samen generell unregelmäßig keimen, so wie es beim Einjährigen Rittersporn der Fall sein kann. Bei Selbstaussaaten kann es sein, dass einige Samen bereits im Spätsommer oder Herbst keimen und andere erst im Frühjahr. Dieses Phänomen liegt darin begründet, dass jeder Samen einen Reiz benötigt, der ihn aus der Keimruhe weckt. Erst dann beginnt der Entwicklungsprozess des Embryos im Samen.

Die Keimrate sollte dann am besten sein, wenn die herrschenden Bedingungen denen am nächsten kommen, die natürlicherweise zu Keimung führen würden. Bei der Anzucht von Schnittblumen im Haus, also unabhängig von der Witterung, können alle benötigten Parameter über eine Heizung, eine Kühlung, Lichtquellen und eine künstliche Bewässerung gesteuert werden. Dies erfordert bei einer gewissen Anzahl an unterschiedlichen Arten eine Menge Aufwand.

Eine Verlagerung der Anzucht nach draußen kann den Anzuchtaufwand erheblich minimieren. Die Anzucht draußen setzt die gleichen Kenntnisse über Schnittblumen voraus wie die Anzucht im Haus. Besonders wichtig ist die Unterscheidung zwischen frostempfindlichen und frostunempfindlichen Arten. Wenn diese Unterscheidung klar ist, kann die Anzucht draußen gleiche Erfolge bringen wie die Anzucht im Haus.

WAS IST KEIMRUHE?

Die Keimruhe oder auch Samenruhe bezeichnet einen natürlichen Schutzmechanismus, der verhindert, dass Pflanzen zum falschen Zeitpunkt keimen. Denn ist eine Pflanze erst einmal gekeimt, ist sie empfindlich gegenüber den Umweltbedingungen. Als Samen können die Pflanzen, geschützt durch das Nährgewebe und die Samenschale, hingegen vielen äußeren Einflüssen trotzen. Dabei entscheiden die Samen nicht aktiv, ob sie keimen oder nicht. Es sind vielmehr äußere Einflüsse, die bestimmen, ob ein Samen keimt oder nicht. Temperatur, Wasserverfügbarkeit, Licht, Hormonkonzentrationen oder mechanisches Aufbrechen der Samenschale sind Reize, die einen Samen zum Keimen bringen können.

Die Blätter der linken Jungpflanze (Einjährige Skabiose) haben sich weniger gut entwickelt. Die Pflanze wird daher aussortiert.

Die Blüten und Stiele dieser Löwenmäulchen lassen vermuten, dass auch die nächste Generation schöne Pflanzen hervorbringt.

Wachstum der Jungpflanze

Nach der Keimung können Unterschiede in der Entwicklung der Keim- und Laubblätter festgestellt werden. An dieser Stelle können Pflanzen mit weniger ideal entwickelten Blättern aussortiert werden.

Entwicklung der Blütenansätze

Bei der weiteren Entwicklung der Pflanzen kann die Anzahl der Blütenansätze ein Auswahlkriterium sein. Pflanzen, an denen weniger Blütenansätze vorhanden sind oder weniger Blüten aufgehen, können aussortiert werden.

Blüten(stiele)

Die Blüte und die Stiellänge sind die offensichtlichsten Merkmale, nach denen bei der Selektion eine Auswahl bestimmter Pflanzen erfolgt.

Die Auswahl der Blüte, deren Samen vermehrt werden soll, kann nach ganz unterschiedlichen Mustern erfolgen. Ist es die Form der Blütenblätter? Diese können glattrandig oder gefranst sein. Ist es die Farbe? Oder ein bestimmter Farbverlauf einer mehrfarbigen Blüte? Ist die Blüte gefüllt oder ungefüllt? Hat die Pflanze besonders viele Blüten angesetzt?

Besonders interessante Blüten können durch Kreuzungen entstanden sein. Es lohnt sich, von diesen Pflanzen Samen zu ernten. Vielleicht lässt sich hieraus eine eigene Sorte etablieren.

Wenn es sich bei der Mutterpflanzen um einen F1-Hybrid handelt, kann es zu (ungewollten) Überraschungen kommen. Denn es gelten die Vererbungsregeln nach Mendel.

VERERBUNGSREGELN NACH MENDEL

Gregor Mendel leitete Mitte des 19. Jahrhunderts aus seinen jahrelangen Beobachtungen mehrerer Merkmalsausprägungen bei Erbsen drei Regeln ab, die nicht nur für seine Versuchspflanze gelten, sondern für alle Samenpflanzen und noch heute Gültigkeit haben.

Heute ist bekannt, dass bei der Vererbung Gene, und damit die darin enthaltenen Erbinformationen, für die Ausprägung bestimmter Merkmale einer Pflanze verantwortlich sind. Diese Informationen hatte Mendel nicht. Er konnte nur beobachten, dass das Kreuzen von Pflanzen mit bestimmten Merkmalen (die Farbe der Blüten, der Samen und der Fruchthülsen, die Hülsen- und Samenform, die Stiellängen und der Bereich, in dem die Blüte gebildet wird) zu einer Mischung der Merkmale in der nächsten Generation in einem bestimmten Verhältnis führt.

Wenn zwei Pflanzen, die sich in einem Merkmal, für das sie reinerbig sind, unterscheiden (zum Beispiel in der Blütenfarbe, rot und weiß), gekreuzt werden, kommt es zu einer Vermischung der Gene, die für die Ausprägung der Blütenfarbe verantwortlich sind. Es entsteht die nächste Generation (die Filialgeneration oder auch die F1-Generation). Hier spielt es eine Rolle, welche Genvariante zur Merkmalsausprägung bei den Elternpflanzen führten. Die vererbten Genvarianten der Eltern müssen dominant-reinerbig (homozygot) sein, damit sie wieder zur Ausprägung kommen. Als homozygot gelten Gene, die nur dominante oder nur rezessive Genvarianten aufweisen. Diejenigen Genvarianten, die bei der F1-Generation nicht in Erscheinung treten, sind nicht »weg«. Sie sind rezessiv und werden von den dominanten Genvarianten überlagert.

Daraus wurde die erste Vererbungsregel abgeleitet: Weil alle Nachkommen reinerbiger Eltern die gleiche Merkmalsausprägung zeigen – die dominant vererbte Farbgebung (zum Beispiel Rot) oder eine Mischung der dominanten Farben (rosa) –, wird diese Regel Uniformitätsregel genannt.

In der F1-Generation sind alle Gene der Kreuzungspartner enthalten. Werden die Samen dieser Generation wieder ausgesät, kommt es aufgrund der unterschiedlich vererbten Merkmale (dominant und rezessiv) zu einer anderen Merkmalsausprägung. In der Nachkommenschaft der F1-Generation, der F2-Generation, tauchen auch die in der F1-Generation nicht ausgeprägten Merkmale wieder auf. Neben rosa Blüten wird es auch wieder rote und weiße geben, da auch homozygote Gene mit rezessiven Merkmalen entstehen können. Mendel konnte ein bestimmtes Verhältnis der unterschiedlichen Ausprägungen beobachten und formulierte daraus seine zweite Vererbungsregel: die Spaltungsregel.

Die dritte Vererbungsregel, die Mendel durch seine Beobachtungen aufstellen konnte, besagt, dass sich bei der Kreuzung von Individuen, die sich in zwei reinerbigen Merkmalen unterscheiden, die Gene unabhängig voneinander mischen können (Unabhängigkeitsregel). Die Mischung erfolgt nach der Spaltungsregel für jedes ausgeprägte Merkmal. Hierbei spielt bei der Ausprägung der neukombinierten Gene auch die Dominanz oder Rezessivität der Genvarianten eine Rolle. Die Kombinationsmöglichkeiten folgen auch hier einer mathematisch vorhersehbaren Wahrscheinlichkeitsverteilung.

Um mit dieser Vorhersehbarkeit arbeiten zu können, muss allerdings bekannt sein, welche Gene dominant und welche rezessiv vererbt werden. Ob einzelne Gene dominant oder rezessiv vererbt werden, kann durch Rückkreuzungsversuche geklärt werden.

Ob die Blüten der nächsten Generation dieser Löwenmäulchen eine Mischung aus Rosa und Weiß sind, ist davon abhängig, ob die Blütenfarben dominant oder rezessiv vererbt werden.

Seit mehreren Generationen sind die Nachkommen dieser Cosmea sehr ähnlich und damit fast schon eine eigene Sorte.

In der Natur geschehen Kreuzungen durch Tiere, Insekten, Wind oder Wasser. Auch die Blüten im Garten oder auf dem Blumenfeld werden so bestäubt. Die meisten Blüten werden durch Insekten bestäubt.

Zur Vermehrung eigener Schnittblumen und vielleicht sogar zur Etablierung eigener Sorten mithilfe von Selektion ist es wichtig, die Vererbungsregeln zu verstehen.

Wird die Bestäubung dem Zufall, also Wind, Wetter und Insekten überlassen, kreuzen sich die Sorten gleicher Arten und es können neue, teilweise überraschende Kombinationen entstehen. Durch geschickt gesetzte Pflanzungen potenzieller Bestäubungspartner kann mit einer gewissen Wahrscheinlichkeit eine Kreuzung gewünschter Merkmale über die natürlichen Bestäubungsmechanismen erfolgen. Zusätzlich kann durch regelmäßige Beobachtung benachbarter Pflanzen, die sich kreuzen sollen, eine Auslese derjenigen Pflanzen erfolgen, die sich nicht kreuzen sollen. Also eine Art Negativauslese.

Eine weitere Methode, die Wahrscheinlichkeit zu erhöhen, dass eine gewisse Kreuzung von Pflanzen mit den gewünschten

»Zur Vermehrung eigener Schnittblumen ist es wichtig, die Vererbungsregeln zu verstehen.«

Eigenschaften erfolgt, besteht darin, unerwünschte Kreuzungspartner möglichst weit voneinander entfernt zu pflanzen. Hier wird empfohlen, mindestens 150 m Abstand zwischen den Sorten, die sich nicht kreuzen sollen, zu planen.

In jedem Fall der mehr oder weniger zufälligen Bestäubung wird die neue Kombination erst in der nächsten Generation sichtbar. Dann beginnt der Prozess von Neuem. Über mehrere Generationen können so die vererbten Merkmale durch Beobachtung selektiert werden und neue, eigene Sorten entstehen.

Diese Sorten haben dann eine gewisse Stabilität in ihren Ausprägungen.

Samenernte

Zum Zeitpunkt der Samenernte spielen die oben genannten Kriterien nur noch bedingt eine Rolle. Die Pflanze ist voll entwickelt. Pflanzen, die nicht den gewünschten Merkmalen entsprechen, sind bereits aussortiert. Die Blütenpracht ist vorüber.

Nun zeigt sich anhand der ausgereiften Samen, ob sich die Pflanze vermehrt hat. Damit die Keimfähigkeit eines Samens erhöht wird, sollte dieser zur Ernte voll ausgereift sein. Je mehr Samen in einer Frucht oder in einem Samenstand vorhanden sind, desto häufiger war eine Befruchtung erfolgreich.
Denn aus jeder erfolgreich befruchteten Zelle entsteht nur ein Samen.

Wenn eine Blüte zum Beispiel für Insekten nur schwer zu erreichen ist, weil sie sich nicht oder nur wenig öffnet, ist die Wahrscheinlichkeit hoch, dass nur wenige Samen ausreifen können. Ebenso wie die Erreichbarkeit der Fortpflanzungsorgane für die Insekten, spielt der Blütezeitpunkt eine große Rolle. Blüht eine Pflanze zu spät, bleibt die Befruchtung mangels Insektenflug aus. Denn die Blütenausbildung und damit die Möglichkeit, dass eine Bestäubung stattfindet, ist von der Witterung und der Tages- bzw. Nachtlänge abhängig. Auch die Ausreifung der Samen braucht Zeit. Zudem ist es hilfreich, Samen nur im trockenen Zustand zu ernten.

AUFBEWAHREN VON SAMEN

Wenn die Samen der Schnittblumen trocken geerntet werden, können sie in vielen unterschiedlichen Behältnissen oder Tütchen und verschließbaren Kästen aufbewahrt werden. Es spielt dabei keine Rolle, ob Licht an die Samen kommt oder nicht, solange sie trocken lagern. Direkte Wärmeeinstrahlung sollte vermieden werden. Die Behältnisse sollten schädlingssicher (Mäuse, Motten) sein. Nach und nach kann ein Samenarchiv aufgebaut werden.

Über die Jahre kann sich ein Samenarchiv ansammeln. Die Aufbewahrung in Gläsern oder in verschließbaren Kästen funktioniert gut.

Wenn die Samen bei feuchter Witterung geerntet wurden, müssen diese vor dem Einlagern getrocknet werden. Sie würden sonst schimmeln und wahrscheinlich an Keimkraft verlieren. Am besten werden die Samen aus den Samenständen herausgeholt und bei Raumtemperatur auf einer flachen Schale einige Tage getrocknet. Bei größeren Mengen sollten die Samen täglich gewendet werden, damit ein Zusammenkleben und Schimmeln vermieden wird.

Trocken eingelagerte Samen sind meist über mehrere Jahre keimfähig. Durch »Keimtests« kann die Keimfähigkeit getestet werden. Hierfür einen Teil der Samen aussäen und beobachten, ob und wie viele Samen keimen. Keimen nur wenige, kann dies ein Anzeichen für die abgenommene Keimfähigkeit sein.

Diese Rudbeckia wird keine Samen mehr ausbilden können. Sie hat zu spät geblüht.

Bei dieser Dahlie ist der Unterschied gut zu erkennen: Die unterschiedlich weit entwickelten gelben Staubblätter weisen auf eine mögliche Befruchtung und damit auf die kürzere Vasenhaltbarkeit hin.

Haltbarkeit in der Vase

Als ein weiteres Selektionskriterium kann die Vasenhaltbarkeit, also die Zeit, die ein Stiel in der Vase ansehnlich aussieht, dienen.

Hier ist es wichtig zu berücksichtigen, dass die Vasenhaltbarkeit von vielen Aspekten negativ beeinflusst werden kann, die nichts mit der Pflanze und deren Merkmalen zu tun haben.

Als Erstes sollte darauf geachtet werden, dass eine Blüte noch nicht bestäubt ist. Grund dafür ist, dass eine bestäubte Blüte ihre Aufgabe in der Natur, nämlich bestäubende Insekten anzulocken, erfüllt hat und die Pflanze für deren Erhalt keine Energie mehr aufwendet. Die Blüten(blätter) fallen nach der Ernte recht bald ab und nur der Teil der Blüte, der die Fortpflanzungsorgane und damit den zukünftigen Embryo enthält, verbleibt an der Pflanze. Es gibt auch viele nicht ausgereifte Samenstände, die optisch wunderbar in der Vase wirken und selbst wie Blüten aussehen.

Weiter ist zu beachten, dass eine Vase nicht zu warm stehen und das Wasser fast täglich gewechselt werden sollte. Die Haltbarkeit in der Vase kann dadurch verlängert werden, indem die Blumen über Nacht kühler gestellt werden, zum Beispiel auf den Balkon oder die Terrasse.

Weitere Faktoren

Grundsätzlich sollte bei der Auswahl bestimmter Pflanzen zur Vermehrung anhand ihrer äußeren Merkmale darauf geachtet werden, dass nicht nur die genetischen Eigenschaften bei der Ausprägung ihrer Merkmale entscheidend sind. Ebenso wie die genetischen Merkmale spielen die äußeren Faktoren eine große Rolle.

Ihre volle Pracht erreichen Schnittblumen, wenn sie unter optimalen Bedingungen wachsen können. Diese Bedingungen werden von ihrer Herkunft bestimmt und beziehen sich auf dortige Boden- und Witterungsverhältnisse.

Bei der Selektion von Schnittblumen zur Vermehrung sollte deshalb darauf geachtet werden, unter welchen Bedingungen die Pflanze gewachsen ist. Wenn sie sich nicht so entwickelt haben wie erwartet, kann das auch damit zusammenhängen, dass ihre Eltern vielleicht unter besseren Bedingungen aufgewachsen sind. Deshalb sollten die Grundvoraussetzungen (Wasser, Boden, Licht usw.) möglichst bei jeder Generation gleich sein, um eine Auswahl treffen zu können.

Was mit Selektion erreicht werden kann

Selektion bedeutet im ersten Moment, etwas voneinander zu trennen. Bei der Vermehrung von Schnittblumen werden diejenigen Pflanzen, deren Eigenschaften begeistern, von denen getrennt, die weniger der Vorstellung der idealen Pflanze entsprechen.

Die Trennung (Auslese) dient dazu, dass möglichst nur die Pflanzen ihre Eigenschaften an die nächste Generation weitergeben, deren Merkmalsausprägung dem Selektionsziel entsprechen. Hauptziele bei der Selektion von Schnittblumen sind Blütenfarbe und -form, die Stiellänge und die Vasenhaltbarkeit sowie die Resistenz gegenüber Schädlingen.

Im Freilandschnittblumenanbau kann durch Selektion nicht nur ein bestimmtes Merkmal gefördert werden. Dadurch, dass die neuen Generationen immer am selben Standort (Garten oder Blumenfeld) gedeihen, erfolgt über mehrere Jahre eine Anpassung der Pflanzen an die vorherrschenden mikroklimatischen Bedingungen. Pflanzen, die weniger an diese angepasst sind, zeigen ein weniger ideales Wachstum, was ein Grund für die Auslese sein kann.

Es können aber noch weitere Vorteile aus der Selektion hervorgehen. Bei der Beobachtung des Pflanzenwachstums, mit dem Ziel, bestimmte Merkmale zu fördern, können häufig Unterschiede zwischen bestimmten Sorten gemacht werden.

Die unreifen Samenstände der Kornrade sind sehr dekorativ und wirken selbst wie Blüten.

Das Schnittblumenfeld im Hochsommer, der Zeit der Selektion

WAS IST DER UNTERSCHIED ZWISCHEN SELEKTION UND VERMEHRUNG?

Sowohl bei der Selektion als auch bei der Vermehrung geht es in erster Linie um den Erhalt einer bestimmten (Schnittblumen-)Art. Durch beide Vorgänge können aus einem Individuum mehrere werden und die Art kann erhalten werden.

Greift der Mensch ein, kann es zu einer Lenkung der Merkmalsausprägungen kommen. Es wird durch Selektion verhindert, dass sich rein zufällige Kombinationen vermehren.

Greift der Mensch nicht ein, pflanzen sich die Arten durch zufällige Kombinationen der Merkmalsausprägungen der Eltern fort. Die Pflanze vermehrt sich.

Die Sortenbeschreibungen auf den Samentütchen werden von Pflanzen abgeleitet, die unter idealen Bedingungen gewachsen sind. Dass diese im Freilandanbau häufig nicht gegeben sind, sorgt dafür, dass sich die Pflanzen nicht, wie auf dem Samentütchen beschrieben, entwickeln. Trotzdem können diese Sorten vermehrt werden. In der nächsten Generation sieht es vielleicht schon anders aus. Und mit der Zeit passt sich diese Sorte immer mehr an den neuen Standort an.

Wie Selektion in der Praxis funktionieren kann

Viele Schnittblumenarten gedeihen auf »normaler Gartenerde« prächtig. Das heißt, sie brauchen nur ausreichend Wasser, Licht und Nährstoffe. Sind die Grundvoraussetzungen vorhanden, entwickeln sich schöne Blüten.

Um besonders gut ausgereifte Samen sammeln zu können, hilft es, dies zu beachten:

- Ist schon vor der Blüte festgelegt, dass eine Pflanze zur Vermehrung erhalten bleibt, sollte diese nicht pinziert werden, damit sie zwar weniger, aber frühere Blüten bilden kann, die ausreichend Zeit haben, um optimal auszureifen.
- Die ersten Blüten einer Pflanze sollten nicht geerntet werden, denn je früher die Samen ausreifen, desto höher ist die Wahrscheinlichkeit, dass der Samen auch keimen kann.
- Bei früher vollständiger Samenreife steigt die Wahrscheinlichkeit, diese unter idealen Bedingungen ernten zu können.
- Aus einem Bestand sollten immer mehrere Pflanzen zur Vermehrung ausgewählt werden.
- Sollen sich bestimmte Sorten miteinander kreuzen, sollten sie möglichst dicht beisammenstehen.

Nach der Entscheidung für eine bestimmte Pflanze, kann diese mithilfe eines Schildes markiert werden. Hierauf können wichtige Informationen (beispielsweise die Blütenfarbe) notiert werden. So einfach kann in der Praxis selektiert werden.

Im folgenden Jahr wird bei der Blüte der nächsten Generation sichtbar, ob und wie sich die Pflanze verändert hat und ob die Selektion der Erwartung entspricht.

Diese rosa-weiße Einjährige Skabiose wird im kommenden Jahr wieder ausgesät, um zu schauen, ob die Blütenvariation dominant vererbt wurde.

Was es mit »Hybriden« auf sich hat

Die kommerzielle Hybridzüchtung ist bei Zierpflanzen, zu denen auch die Schnittblumen gehören, eine weit verbreitete Möglichkeit, Pflanzen mit bestimmten Eigenschaften zu produzieren.

Zunächst ist es wichtig zu erkennen, dass Hybridisierung auch auf natürliche Weise stattfindet. Denn Hybridisierung bedeutet nichts anderes, als die genetische (Neu-)Kombination zweier Pflanzen bei der geschlechtlichen Fortpflanzung. In der Natur entstehen auf diesem Wege Kreuzungen, die beispielsweise die Anpassung an bestimmte mikroklimatische Bedingungen möglich machen.

Bei der Hybridisierung wird weiter zwischen Kreuzungen von Pflanzen gleicher Art und unterschiedlicher Art differenziert. In der Natur kommen meistens Kreuzungen zwischen artverwandten Lebewesen vor. Es gibt aber auch natürliche Kreuzungen, die zwischen artverschiedenen Lebewesen stattfinden.

Bei der Züchtung, also dem Vermehrungsprozess von Pflanzen, bei dem der Mensch eingreift, insbesondere bei der Hybridzüchtung, wird zwischen der Kreuzung von Pflanzen gleicher Gattung und Pflanzen gleicher Art unterschieden. Aus Kreuzungen können neue Sorten hervorgehen.

WAS IST EINE GATTUNG?

Eine Gattung ist eine Gruppe von Pflanzenarten mit gemeinsamer Abstammung. Pflanzen einer Gattung sind also miteinander verwandt, können jedoch zu verschiedenen Arten gehören.

Nachdem es auch möglich ist, Pflanzen über ihren genetischen Code zu identifizieren, kommt es immer wieder zu Neueinordnungen bestimmter Arten in andere Gattungen oder die Benennung neuer Arten und Gattungen. Die Einordnung der Pflanzen erfolgt durch den Vergleich bestimmter Gene. Stimmen diese überein, bleibt es bei der Einordnung. Werden Unterschiede festgestellt, erfolgen weitere Untersuchungen, die eine Einordnung in eine andere oder neue Art oder in eine andere Gattung zulassen.

Diese Zinnie ist eine Vertreterin der Art *Zinnia elegans*.

Zu der Art *Zinnia haageana* gehört diese Zinnie.

Es gibt unterschiedliche Sorten einer Art. Die Jungfer im Grünen gibt es zum Beispiel neben der herkömmlichen *Nigella damascena* auch in der Sorte 'Green Pod' und 'Black Pod'.

WAS IST EINE ART?

Eine (Pflanzen-)Art beschreibt genetisch verwandte Gruppen von Pflanzen. Die Einordnung der Pflanzen in bestimmte Gruppen (Arten) erfolgte bis zur Entschlüsselung des genetischen Codes über deren äußerliche Merkmale, die Morphologie.

Die Gattungs- und Artnamen stammen meist aus dem Lateinischen oder Griechischen und werden als »Botanische Namen« (Bot. Namen) bezeichnet. Sie werden kursiv geschrieben.

EIN BEISPIEL:

Aus der Gattung *Zinnia* sind mehrere Arten als Schnittblumen bekannt, beispielsweise *Zinnia elegans*, *Zinnia angustifolia* oder *Zinnia haageana*.

Der erste Teil des Namens beschreibt die Zugehörigkeit zu einer Gattung (*Zinnia*). Der zweite Name beschreibt die Art (*Zinnia elegans*, *Z. angustifolia*, *Z. haageana*). Die Arten sind miteinander verwandt, da sie zur gleichen Gattung gehören, werden aber als eigenständige Arten beschrieben.

WAS IST EINE SORTE?

Ist von einer Sorte die Rede, handelt es sich um eine Varietät einer Art, die bestimmte, stabil vererbbare Merkmale zeigt. Bei der Jungfer im Grünen gibt es Sorten, die alle zur Art *Nigella damascena* gehören, jedoch anders aussehen. Die herkömmliche N. *damascena* bildet dunkel und grün gestreifte Samenkapseln aus, die Sorte 'Green Pod' grüne und die Sorte 'Black Pod' durchgängig dunkel gefärbte Samenkapseln.

»Für die Vermehrung von Saatgut im eigenen Garten ist es wichtig zu wissen, wie die Elterngeneration gezüchtet wurde.«

In der kommerziellen Hybridzüchtung werden nicht nur Pflanzen gleicher Art miteinander gekreuzt, sondern auch Pflanzen unterschiedlicher Arten. Daraus resultieren beispielsweise bessere Resistenzen gegenüber Krankheiten oder bestimmte äußere Merkmale (Blütenfarbe oder -form). Bei der Zinnie ist eine Hybridzüchtung aus *Zinnia angustifolia* und *Zinnia haageana* unter dem Namen *Zinnia* × *marylandica* bekannt. Solche Hybriden sind erkennbar durch das »×« im Artnamen.

Bei den Kreuzungen wird darauf geachtet, dass sich während des Züchtungsprozesses nur Pflanzen mit den perfekten Merkmalsausprägungen vermehren. Diese Merkmale werden durch vorangehende Züchtungsprozesse in Form von Kreuzungen von Pflanzen, die reinerbig für bestimmte Merkmale sind, erreicht.

Um die Selbstbestäubung zu verhindern, werden die Fortpflanzungsorgane voneinander getrennt. Dies geschieht chemisch oder durch gentechnische Eingriffe. So entstehen Pflanzen, die entweder nur den Pollen produzieren oder nur die Narbe mit den Eizellen entwickeln. Beide Pflanzen (Pollenproduzent und Narbenproduzent) weisen die Merkmale auf, die in einer Kreuzung zu einer bestimmten Neukombination führen. Pflanzen, denen die Fähigkeit zur Produktion von Pollen genommen wurde, werden als CMS-Hybriden bezeichnet. CMS bedeutet *Cytoplasmatic male sterility*, zu Deutsch: Zytoplasmatisch-kerngenetische Pollensterilität. Die Bestäubung dieser Pflanzen erfolgt unter kontrollierten Bedingungen per Hand oder auch durch Insekten.

Die folgende Generation wird Filialgeneration (F1) genannt. Und weil sie durch einen kontrollierten Prozess entstanden ist, der natürlicherweise nicht stattgefunden hätte, wird sie als F1-Hybrid bezeichnet.

Unabhängig davon, ob artverwandte oder nichtartverwandte Pflanzen miteinander gekreuzt wurden, können Hybriden keine merkmalsstabilen Nachkommen hervorbringen und eignen sich nicht für die Vermehrung, bei der alle Nachkommen die gleichen Merkmalsausprägungen haben sollen.

Für die Vermehrung von Saatgut im eigenen Garten oder auf dem Blumenfeld ist es wichtig zu wissen, wie die Elterngeneration gezüchtet bzw. vermehrt wurde. Es ist nicht so, dass hybridisierte Pflanzen gar keine Nachkommen haben. Die F2-Generation kann aber nicht die gleichen Merkmale ausprägen wie die F1-Generation (Mendels Spaltungsregel). Für die eigene Samenvermehrung kann dies tolle Überraschungen bergen, da die F2-Generation vielleicht Merkmale zeigt, die in den anderen Generationen nicht ausgeprägt wurden. Durch Selektion können hier »neue« oder »eigene« Sorten etabliert werden.

Erst wenn diese Einjährige Skabiose voll erblüht ist, zeigt sich, ob sie der Elterngeneration entspricht.

Die Kennzeichnung »F1« oder »Hybrid« sowie ein »×« im Art- oder Sortennamen weisen darauf hin, dass die Vermehrung dieser Sorten durch Samen sehr wahrscheinlich nicht möglich ist, da sie aus Hybridzüchtungen hervorgegangen sind. Nicht immer ist auf den handelsüblichen Saatguttütchen eine Kennzeichnung vorhanden. Meist verbergen sich in den Namensbezeichnungen die oben genannten Hinweise, woraus dann erkennbar sein kann, dass es sich um Nachkommen einer Hybridzucht handeln könnte. Auch bei besonderen Sorten oder »Neuheiten« handelt es sich oft um Hybriden.

Was »samenfest« bedeutet

Bei der Vermehrung von Schnittblumen bieten samenfeste Sorten Sicherheit für die nächste Generation. Samenfest bedeutet hier: Die Ausprägung der Merkmale erfolgt auch in den Filialgenerationen stabil. Das heißt, die wichtigen Eigenschaften (zum Beispiel Blütenfarbe oder Wuchsform) werden an die nächste Generation weitergegeben.

Der Begriff »samenfest« hat die gleiche Bedeutung wie »sortenrein« oder »nachbaufähig«. Blumensamen, die sich für die Vermehrung von Blumen eignen, sind entsprechend gekennzeichnet. Viele dieser Blumenarten sind zusätzlich auch als »Bio-Saatgut« gekennzeichnet. Die Tochtergeneration, die aus samenfesten Samen hervorgeht, hat mit großer Wahrscheinlichkeit wieder die gleichen Merkmale wie ihre Eltern und eignet sich deshalb zur Vermehrung.

Ein anderer Begriff, der bei der Bezeichnung von Eigenschaften von Samenpflanzen verwendet wird, ist »reinerbig«. Wird dieser Begriff verwendet, ist bekannt, welches der Merkmale ausgeprägt wird. Eine Merkmalsausprägung erfolgt in der F1-Generation sicher, wenn das codierte Gen zweimal in der jeweiligen elterlichen Erbanlage vorhanden und homozygot ist (Reinerbigkeit). Werden zum Beispiel zwei Pflanzen mit derselben Blütenfarbe, für die sie reinerbig sind, gekreuzt, wird dieses Merkmal in der F1-Generation sicher ausgeprägt werden. Die Tochtergeneration (F2-Generation), die aus der F1-Generation hervorgeht, eignet sich nicht für eine gezielte Vermehrung.

In jedem Fall sind unvorhersehbare natürliche Kreuzungen, besonders in einem Garten oder auf einem Blumenfeld, möglich und es können neue interessante Pflanzen daraus entstehen.

Diese samenfeste weißblühende Kornrade bringt sicher im nächsten Jahr wieder weißblühende Pflanzen hervor.

4

Aussaat-1×1

Das Schnittblumenjahr beginnt mit der Aussaat der Arten, die in der Blumensaison geerntet werden sollen. Die Auswahl wird meistens anhand der Blütenfarbe oder -form getroffen. Das ist prinzipiell nicht verkehrt, führt aber manches Mal zu weniger guten Ernten. Dies liegt hauptsächlich daran, dass bei der Auswahl der Arten die Standortansprüche unberücksichtigt blieben. Dabei ist dies der wichtigste Punkt, der bei der Auswahl der Schnittblumen beachtet werden sollte, um gesunde Pflanzen zu bekommen.

Wie werden die Standortansprüche einer Pflanze, also einer Schnittblumenart, definiert? Jede Pflanze hat einen genetisch festgelegten Toleranzbereich für jede Standortbedingung (Lichtangebot, Bodenzusammensetzung, Wasserverfügbarkeit, Temperatur usw.), in dem sie bestmöglich gedeihen kann. In diesem Toleranzbereich werden alle Ansprüche zusammengefasst. Bei der Auswahl der Schnittblumen sollten der Lichtbedarf, der Wasserbedarf, der Nährstoffbedarf, die Bodenbeschaffenheit und das optimale Mikroklima, in dem die Pflanze wächst, beachtet werden.

Gute Hinweise auf die optimalen Wuchsbedingungen und Standortansprüche geben die ursprünglichen Herkunftsgebiete der Pflanzen. Hierzu sollte beachtet werden, dass ein Großteil der Zierpflanzen, und dazu zählen auch die Schnittblumen, die wir in unseren Gärten und auf unseren Feldern kultivieren, erst in den letzten Jahrhunderten in Europa und auf dem Gebiet des heutigen Deutschlands angekommen ist. Durch immer größere Reiseaktivitäten und die Sammelleidenschaft botanisch interessierter Menschen wurden Pflanzen mit faszinierenden Blüten und Blättern aus aller Welt in die Gärten von Mönchen, Heilkundlerinnen und hohen Herrschaften gebracht. Hier wurden sie in all ihren kleinteiligen Erscheinungen sorgsam katalogisiert und von der Wurzel bis zum Samen beschrieben. Diese Beschreibungen sind uns teilweise noch heute erhalten und lassen interessante Einblicke in die Gärten der damaligen Zeit zu.

Durch Auslese und erste gezielte Kreuzungen entstanden neue Blütenfarben und kräftige Pflanzen, die sich im Laufe der Jahrhunderte an die verschiedenen Klimazonen in Europa angepasst haben. Der Austausch der Pflanzen unter den sammelnden Personen und regelrechte Wettstreite um die schönsten Blüten wurden im 19. Jahrhundert in botanischen

Um gesunde Schnittblumen ernten zu können, müssen diese anhand des Standortes ausgewählt werden.

Neue Sorten wurden als Zeichnungen festgehalten und in botanischen Zeitschriften vorgestellt.

Zeitschriften festgehalten. In diesen wurden die schönsten Sorten mit wunderschönen Zeichnungen dargestellt. Es gibt Sorten, die bis heute vermehrt werden und sich in unseren Beeten wiederfinden.

Die meisten Schnittblumen können als »nicht heimisch« bezeichnet werden, da sie erst nach der Entdeckung der Neuen Welt, also nach 1492, in Europa eingeführt wurden.

Wann ist eine Pflanze »heimisch«? Alle Pflanzen, die vor der Entdeckung der Neuen Welt bereits im betreffenden Gebiet gewachsen – und beschrieben – sind, gelten als heimisch. Durch die Aufzeichnungen aus dem 15. Jahrhundert und später kann nachvollzogen werden, aus welchen Regionen der Welt die heute kultivierten Schnittblumen kommen.

Durch Pollenanalysen und die Untersuchung des Erbgutes lassen sich die Ausbreitungs- und Entwicklungsgeschichte sowie Pflanzenherkünfte nachvollziehen.

Dieses Wissen hilft bei der Auswahl der Schnittblumen für unseren Garten.

Welche Temperaturen werden im Herkunftsgebiet zu welchen Jahreszeiten gemessen? Kann im späten Frühjahr mit Nachtfrösten gerechnet werden? Wächst die Pflanze auf sandigem Boden oder eher humosem Boden? Kommt sie aus Waldrandgebieten? Gibt es im Herkunftsgebiet lang anhaltende Zeiten ohne Niederschlag?

Auch auf den Samentütchen und in Aussaatanleitungen sind die wichtigsten (limitierenden) Faktoren aufgeführt. Auf den Tütchen und in den Anleitungen stehen Informationen zum Aussaatzeitpunkt, zur Keimtemperatur, zu den Standortansprüchen (Bodenbeschaffenheit und Lichtbedarf) und ob es sich um eine mehr- oder einjährig kultivierbare Pflanze handelt. Zusätzlich gibt es Informationen zu Saattiefe, dem Platzbedarf der vollständig entwickelten Pflanze, der Blütezeit und der Wuchshöhe.

In diesen Informationen sind teilweise jahrhundertealte Beobachtungen und neue Erkenntnisse aus der modernen Wissenschaft und langjährigen Züchtungsprozessen enthalten. Sie zeigen auf, unter welchen Bedingungen sich die Pflanze optimal entwickeln würde. In ihnen lassen sich, wenn auch indirekt, Hinweise darauf finden, ob eine Schnittblumenart frostverträglich ist oder nicht.

Als Grundlage für die Auswahl der Schnittblumen können also die natürlichen Herkünfte, mit den charakteristischen Standortbedingungen, sowie die Aussaatanleitungen herangezogen werden.

Die Beobachtung des eigenen Gartens oder Blumenfeldes und des herrschenden Mikroklimas hilft, den optimalen Standort für Schnittblumen und deren Anzucht zu finden.

Auswahl der Schnittblumen

In der Beobachtung der mikroklimatischen Bedingungen im Garten oder auf dem Feld können Anhaltspunkte zur Schnittblumenauswahl gesammelt werden. So lässt sich der ideale Standort für die Pflanzen finden.

Die Jungpflanze der Jungfer im Grünen übersteht Frost problemlos.

Wann wird der letzte Frost im Frühjahr erwartet? Wo befinden sich vielleicht warme Ecken am Haus oder im Garten, in denen die Frühlingssonne eingefangen wird? In welchen Bereichen des Gartens bleibt der Frost oder Morgentau besonders lange und wie wandern die Schatten mit der Sonne im Tagesverlauf? Gibt es Bereiche im Garten oder am Haus, an denen wenig bis gar kein Niederschlag in den Boden versickert? Welche Art von Boden gibt es im Garten?

Viele Schnittblumen vertragen keinen Frost und sterben bei Minustemperaturen ab, wenn sie zu früh ausgepflanzt oder als Jungpflanzen in Anzuchtgefäßen rausgestellt werden. Es gibt welche, denen macht Frost nichts aus. Einige Schnittblumenarten benötigen phasenweise niedrige Temperaturen für die Keimung. Es gibt Schnittblumen, die auch bei niedrigen Temperaturen wachsen und die früh draußen ausgesät werden können.

Sind die Bedingungen, die im Garten oder auf dem Blumenfeld herrschen, über eine oder mehrere Saisons beobachtet und erkannt, kann anhand der Aussaatanleitungen, die die optimalen Bedingungen für eine Art enthalten, die Auswahl der Schnittblumen beginnen.

Blick auf das herbstliche Blumenfeld. Nach einer Blumensaison kann die Auswahl der Schnittblumenarten beurteilt und angepasst werden.

Sollen frostempfindliche Schnittblumen bis nach dem letzten Frost im Haus kultiviert werden, sind die limitierenden Faktoren von der Keimung bis zum Auspflanzen ins Freiland weniger wichtig. Das liegt vor allem daran, dass durch Heizung und künstliches UV-Licht die wichtigsten Faktoren für Keimung und Wachstum vorhanden sind.

Auf die Anzucht von Schnittblumen im Haus kann jedoch verzichtet werden. Warum? Die Anzucht im Haus bringt nicht unbedingt Vorteile. Weder kann damit eine sehr viel frühere Blüte noch eine Steigerung an Blüten pro Pflanze erreicht werden. Trotzdem muss auf keine besondere Schnittblume verzichtet und es kann bis zum Frost geerntet werden.

Natürlich ist es immer die Frage, zu welchem Zweck die Blumen angebaut werden. Für ein 200 m² großes Blumenfeld etwa können ohne Anzucht im Haus ausreichend viele Blumen angebaut und die ganze Saison über fortwährend geerntet werden.

Das Blumenfeld im Abendlicht

Der Aussaatzeitpunkt

Mit dem Aussaatzeitpunkt wird der Grundstein für die weiteren Kultivierungsschritte gelegt. Denn ist eine Pflanze erst einmal gekeimt, gibt es kein Zurück mehr. Die Samen können eine lange Zeit in ihrer Keimruhe verharren, ohne dass sie Schaden nehmen. Sobald sie aber aus der Keimruhe geweckt, also ausgesät werden, beginnt der neue Lebenszyklus. Das Wecken erfolgt durch unterschiedliche beeinflussbare äußere Faktoren.

Mal ist es eine auf eine Kälteperiode folgende Frühlingswärme, mal wird Licht gebraucht, manchmal etwas kühlere Temperaturen. Was niemals fehlen darf, ist das Wasser. Wasser wird bei der Ausbildung der nicht photosynthetisch aktiven Pflanzenteile (Wurzel) zur Zelldifferenzierung und später dann für die Photosynthese in den grünen Pflanzenteilen (Sprossachse und Blätter) benötigt.

Bei den einjährigen Schnittblumen kann zwischen frosttoleranten und nicht frosttoleranten Arten unterschieden werden. Ist eine Schnittblume frosttolerant, kann ihre Jungpflanze Minustemperaturen vertragen und stirbt nicht ab. Ist sie nicht frosttolerant, stirbt sie bei Minustemperaturen ab. Die Zinnie ist nicht frosttolerant und stirbt bei zu geringen Temperaturen ab.

Nicht frosttolerante Schnittblumen, wie diese Zinnie, gehen bei zu niedrigen Temperaturen ein.

Die Jungpflanzen der Kornrade sind frosttolerant und überwintern problemlos.

Ob eine Pflanze Minustemperaturen als Jungpflanze tolerieren kann oder nicht, kann von den auf dem Samentütchen angegebenen Aussaatzeitpunkten abgeleitet werden. Ist hier zum Beispiel März–April angegeben, ohne den Hinweis »Anzucht im Haus«, kann davon ausgegangen werden, dass die Jungpflanze mindestens Nachtfröste verträgt. Ist noch ein weiterer Zeitraum wie beispielsweise September angegeben, kann ebenfalls davon ausgegangen werden, dass es sich bei der Schnittblume um eine frosttolerante Art handelt. Warum? Im Spätsommer sind die Temperaturen tagsüber hoch genug, um die Keimung des Samens anzuregen. Die schon kühleren Nachttemperaturen stören dabei nicht und können sogar fördernd wirken. Die Pflanze beginnt zu wachsen und es entwickelt sich eine Jungpflanze. Diese Pflanze wird aber aufgrund der ab September kürzer werdenden Tageslichtphasen und sinkender Temperaturen nicht mehr zur Ausbildung von Blütenknospen kommen. Die Jungpflanze überwintert also ohne ihren Lebenszyklus vollendet zu haben. Im Frühjahr hat sie bereits eine gewisse Größe erreicht und beginnt, mit länger werdenden Tageslichtphasen und steigenden Temperaturen, weiter Pflanzenorgane zu differenzieren und bildet die Sprossachse und Blütenknospen aus.

Die inneren Faktoren (endogene Faktoren) lassen sich nicht direkt beeinflussen. Diese Faktoren sind Wachstumshormone, die die Differenzierung der Zellen regulieren. Hinzu kommt eine genetische Variabilität, die bei der Aussaat nicht vorhergesehen werden kann.

Frühbeete (auch Coldframes genannt) sind Kästen, meist aus Holz, die mit einem Deckel aus Glas oder lichtdurchlässigem farblosem Plexiglas gebaut werden. Sie können zur Anzucht von Arten, die niedrige Keimtemperaturen bevorzugen und auch bei niedrigen Temperaturen weiterwachsen, und zum Überwintern verwendet werden. Auch die nicht frosttoleranten Arten finden im Frühjahr hier einen sicheren Schutz vor kalten Nächten. Durch Frostwächter lässt sich der Frost fernhalten und die Pflanzen überleben. Die Kästen können mobil sein, sodass sie bei Bedarf umgestellt werden können, oder fest, zum Beispiel an der Hauswand, montiert werden. Der Vorteil der Frühbeete oder Coldframes gegenüber Gewächshäusern ist, dass sie meist weniger Volumen haben, das frostfrei gehalten werden muss. So lässt sich oft mit Kerzen und darübergestülpten Tontöpfen eine ausreichende Temperatur halten.

Häufig blühen diese Pflanzen im späten Frühjahr ab Mai. Sie haben einen erheblichen Vorsprung gegenüber Pflanzen, die nach der Aussaat im Frühjahr zunächst zu keimen beginnen, Wurzel und Keimblätter ausbilden und sich dann emporstrecken und Blüten ausbilden. Das Überwintern dieser frosttoleranten Schnittblumenarten kann nicht nur im Freiland (im Beet oder auf dem Feld) erfolgen, sondern auch in Aussaatgefäßen.

Die nicht frosttoleranten Schnittblumenarten sollten möglichst nach dem letzten zu erwartenden Frost im Frühjahr ausgesät werden. Hierbei können nun die Beobachtungen im Garten helfen. Sind die Ecken im Garten bekannt, in denen in den Frühjahrsmonaten die Schatten lange bleiben und Nachtfrost und Morgentau beobachtet werden können, sollten die temperaturempfindlichen Schnittblumen dort nicht abgestellt oder ausgesät werden. Wohingegen sonnige Ecken des Gartens oder Wände als Schutz, in denen sich die Frühjahrsonne einfangen lässt, eine Aussaat nicht frosttoleranter Blumen möglich machen. Gegen späte Nachtfröste können die Jungpflanzen mit einem Vlies abgedeckt werden. Auch eignen sich Frühbeete oder Coldframes für die Anzucht von weniger frosttoleranten Arten, da durch diese die Nachtfröste von den Pflanzen ferngehalten werden können.

Deutlicher Unterschied: Jungpflanze der Kornblume, die im vorigen Herbst gekeimt ist, und Jungpflanze aus Frühjahrssaat (vorn)

Blick in den Coldframe. Für eine bessere Wärmespeicherung ist er an die Hauswand gelehnt. Nachfröste können so von den Jungpflanzen ferngehalten werden.

Bei den meisten Schnittblumen, die keinen Frost vertragen, sollte auf die Hinweise auf den Samentütchen zum Aussaatzeitpunkt im Freiland geachtet werden. Diese zeigen an, wann eine Pflanze direkt ins Beet oder draußen in Aussaatgefäße gesät werden kann. Hierbei wird auch die Zeit berücksichtigt, die ein Samen zum Keimen braucht. Mithilfe der Angaben zur Keimdauer (meist eine Zeitspanne) und Keimtemperatur (ebenfalls eine Angabe von – bis) lässt sich ermitteln, wann ein guter Zeitpunkt zur Freilandaussaat, direkt oder in Anzuchttöpfen, ist.

Die Temperaturen sind nachts und frühmorgens noch niedrig oder sogar leicht frostig, tagsüber werden sie aber im Frühling manches Mal schon zweistellig. Bei der Aussaat im Freiland und in Anzuchttöpfen kann immer mindestens die längstmögliche Zeitraumangabe zur Keimung angenommen werden. Dies liegt hauptsächlich an den stark schwankenden Temperaturen. Die Angaben auf den Samentütchen beziehen sich auf eine konstante Temperatur von beispielsweise 18 °C, die im Freiland nicht gegeben ist.

Beispiel zur Ermittlung des idealen Aussaatzeitpunktes: Ist eine Schnittblume nicht frosttolerant und braucht bei einer optimalen Keimtemperatur von 18 °C etwa 14–20 Tage zur Keimung, kann sie etwa 14 Tage vor dem letzten Frost draußen ausgesät werden. Denn nur die Jungpflanzen, also die zarten Wurzeln und die oberirdischen Pflanzenteile sind frostempfindlich. Der Samen kann Minustemperaturen überstehen. Wie sonst können sich nicht frosttolerante einjährige Schnittblumen durch Selbstaussaat vermehren?

Während der Boden unter der Oberfläche noch kalt sein kann, erwärmt sich die obere Schicht in der Frühlingssonne, wodurch die Keimung beginnen kann.

Die Dahlie lässt sich gut in größeren Gefäßen aussäen und später leicht vereinzeln.

Die Aussaatgefäße

Die Auswahl der Aussaatgefäße ist von der Schnittblumenart abhängig. Lassen sich die Jungpflanzen problemlos beim Auspflanzen vereinzeln, so können die Samen zu mehreren in größeren Gefäßen ausgesät werden. Sollen die Pflanzen nicht vereinzelt werden, können sie einzeln oder zu zwei bis drei Korn zum Beispiel in Multitopfplatten ausgesät werden. Bildet eine Schnittblumenart Pfahlwurzeln aus, sollte diese in besonders hohe Gefäße gesät werden.

Die Gefäße werden zu etwa drei viertel mit Anzuchterde gefüllt, angedrückt und vor der Aussaat gut gewässert. Es ist wichtig, dass die Anzuchterde nach der Aussaat nicht austrocknet.

Für die Anzucht draußen können auch Minigewächshäuser verwendet werden. Sie bestehen aus einer Schale, einer passenden Multitopfplatte, und einer durchsichtigen Kunststoffhaube mit Lüftungsmöglichkeiten. In diesen Gewächshäusern kann die Feuchtigkeit gut gehalten und das Austrocknen der Anzuchterde verlangsamt werden. Die Abdeckhaube dient außerdem als Frostschutz. Nach der Keimung der Aussaaten kann die Schale zum Wässern der Pflanzen genutzt werden.

Für Anzuchten, die länger in einem Gefäß kultiviert werden sollen, weil sie beispielsweise wie diese Wilde Möhre darin überwintern, können größere Anzuchtgefäße gewählt werden.

Bei Aussaaten, die länger in den Gefäßen kultiviert werden, zum Beispiel weil sie darin überwintert werden, oder wenn die Gefäße recht groß sind, werden die Gefäße zuerst mit Blumenerde gefüllt und nur die obere Schicht mit Aussaaterde aufgefüllt. So können die Pflanzen ihre Wurzeln über die Kultivierungszeit im Gefäß in die nährstoffreiche Blumenerde ausstrecken und teure Aussaaterde kann gespart werden.

Multitopfplatte mit Jungpflanzen der Kornrade

Die Aussaaterden

Aussaaterden haben bestimmte Eigenschaften, die für alle Schnittblumen und auch für andere Zierpflanzen entwickelt wurden. Die wichtigste Eigenschaft ist die Zusammensetzung (Anteile der Inhaltsstoffe). Die Zusammensetzung kann sich von Hersteller zu Hersteller unterscheiden, weswegen es sich lohnt, unterschiedliche Erden auszuprobieren. Bei der Schnittblumenanzucht kann auf Torf, Vermiculite und Perlite verzichtet werden.

»Am einfachsten lässt sich die optimale Anzuchterde durch Ausprobieren finden.«

Die unterschiedlichen Hersteller von Qualitätserden verzichten immer mehr auf den Einsatz von Torf. Es gibt mittlerweile auch ein großes Angebot an bio-zertifizierten Erden. Am einfachsten lässt sich die optimale Anzuchterde durch Ausprobieren finden.

Auch das Anmischen von eigener Aussaaterde kann gut funktionieren. Hierfür je zu einem Drittel reifen Kompost, Gartenerde und Sand mischen. Teilweise wird empfohlen, das Gemisch zu erhitzen, um Keime und enthaltene Samen abzutöten. Dies ist aber bei der Anzucht draußen nicht notwendig, da durch die natürliche Umgebung kein Schimmel entstehen kann. Und auch das Keimen nicht gewünschter Beikräuter stellt kein Problem dar. Häufig lassen sich ungewünschte Pflanzen daran erkennen, dass sie draußen früher keimen als die ausgesäte Schnittblume. So lassen sie sich schnell erkennen und entnehmen. Für die Unterscheidung von Beikräutern und Schnittblumen hilft es ebenso, die Pflanze in ihrem Jungstadium sicher zu erkennen und so eine Positivauslese vornehmen zu können.

Perlithaltige Anzuchterde sorgt für eine gute Wasserspeicherfähigkeit. Es kann aber darauf verzichtet werden.

Warum auf Torf verzichten? Torf sorgt in Blumenerden für eine feine Struktur und hat eine gute Wasserspeicherkapazität. Aber Torf wächst nicht auf Bäumen. Torf entsteht in jahrtausendelang andauernden Prozessen, die nicht durch Menschenhand nachgestellt werden können. In den Torfmooren sind seltene Pflanzen- und Tiergemeinschaften zu Hause, die durch Trockenlegung und Torfabbau vernichtet werden.

Warum auf Vermiculite und Perlite verzichten? Vermiculite und Perlite sind thermisch behandelte Minerale bzw. Gesteine, die eine hohe Wasserspeicherkapazität aufweisen und durch ihre Struktur eine gute Drainage in Anzuchtgefäßen gewährleisten. Zudem können Vermiculite, als lockere Schicht auf die Aussaaten aufgetragen, die Verdunstung und die Schimmelbildung verringern. Die Minerale bzw. Gesteine, die bei plötzlicher Erhitzung unter hohem Energieverbrauch eine enorme Oberflächenvergrößerung erhalten, werden im Tagebau abgebaut. Dafür werden große Gebiete teilweise gerodet, um an die tiefliegenden Mineral- und Gesteinsschichten zu gelangen. Hier ist eine Renaturierung nicht mehr möglich und Lebensräume gehen unwiederbringlich verloren.

Die Keimblätter des Einjährigen Rittersporns sitzen knapp über dem Boden. Werden sie von der Pflanze nicht mehr benötigt, verkümmern sie.

Die Keimung und Kultivierung

Unter Beachtung der Aussaatzeitpunkte beginnt nach der Aussaat bald die Keimung der Schnittblumen. Zunächst wird die Wurzel zur Verankerung und Versorgung der Pflanze gebildet. Das erste Grün, was sichtbar wird, sind die Keimblätter.

Unter Berücksichtigung der Frosttoleranz sollten die Anzuchten, wenn sie drinnen kultiviert wurden, möglichst nach draußen gestellt werden, sobald sie gekeimt sind. Dies verhindert, dass sie »vergeilen«, also die Sprossachse zu schnell an Länge gewinnt, ohne ausreichende Stabilität ausgebildet zu haben. Vergeilt eine Pflanze, ist das Sprossachsenwachstum durch ein ungünstiges Verhältnis von zu wenig Licht bei zu hoher Temperatur zu schnell vorangeschritten. Wurden die Schnittblumen draußen in Gefäßen ausgesät, können sie bis zum Auspflanzen dort verbleiben. Sind die Blumen im Freiland im Herbst direkt gesät worden, benötigen sie keine spezielle Behandlung.

Nachdem sich die Keimblätter entfaltet haben, kommen die Laubblätter zum Vorschein. Die Sprossachse wächst in Richtung Licht und trägt weitere Blätter. Die Keimblätter verkümmern im Laufe der Pflanzenentwicklung meist, bleiben aber häufig noch an der Pflanze erkennbar.

Die Jungpflanzen sollten möglichst kurz in den Anzuchtgefäßen kultiviert werden (außer sie sollen darin überwintert werden), damit sich ihre Wurzeln kräftig entwickeln können. Hinzu kommt, dass in den häufig kleinen Anzuchtgefäßen die vorhandenen Nährstoffe schnell aufgebraucht sind. Mit steigenden Tagestemperaturen besteht aufgrund des geringen Gefäßvolumens öfter die Gefahr des Wassermangels. Nährstoff- und Wassermangel werden von den zarten Pflanzen oft nicht gut vertragen.

Das Auspflanzen

Der Auspflanzzeitpunkt

Der Zeitpunkt für das Auspflanzen ist davon abhängig, ob eine Schnittblume frosttolerant ist oder nicht. Der größte limitierende Faktor ist also die zu erwartende Temperatur.

Genau wie beim Aussaatzeitpunkt wird zum Auspflanzzeitpunkt oft ein Zeitraum auf den Samentütchen und in den Aussaatanleitungen angegeben mit dem Hinweis »Auspflanzen nach dem letzten Frost« oder »Auspflanzen ab Mitte Mai«. Daran sollte sich unbedingt gehalten werden, da es sich bei Schnittblumen mit dieser Angabe um nicht frosttolerante Arten handelt. Traditionell können die »Eisheiligen« bei der zeitlichen Orientierung helfen. Als »die Eisheiligen« werden die Tage vom 11. bis 15. Mai bezeichnet, in denen arktische Polarluft in Mitteleuropa für Nachtfröste sorgt. Die Tage in diesem Zeitraum sind nach kirchlichen Heiligen benannt.

Ein interessanter Hinweis ist auch: »Auspflanzen, sobald die Jungpflanzen groß genug sind.« Doch wann ist das? Hier spielt sicher auch die Erfahrung eine große Rolle. Denn es gibt unterschiedlich empfindliche Schnittblumenarten. Am besten lässt man die Pflanzen mindestens zwei bis drei Laubblattpaare ausbilden. Dann ist die Sprossachse stabil genug und es haben sich ausreichend Wurzeln gebildet.

Zu früh ausgepflanzte Zinnie, die Frost abbekommen hat

Kräftig gewachsene Kornblume mit zwei Laubblattpaaren, die im Frühjahr ausgepflanzt werden kann

Vor dem Auspflanzen sollten die Pflanzrillen gewässert werden.

Gut durchwurzelter, feuchter Ballen aus einer Multitopfplatte

Das Pflanzen

Unabhängig davon, wann die Pflanzen rausgepflanzt werden, ist immer eine gute Wasserversorgung der kleinen Pflanzen notwendig. Die Anzuchtgefäße sollten vor dem Auspflanzen gut gewässert sein, damit die topfförmigen Wurzelballen und die feinen Wurzeln im Pflanzloch nicht austrocknen. Vor dem Auspflanzen empfiehlt es sich, die Pflanzlöcher durchdringend zu wässern. Denn das Gießen der kleinen Pflanzen von oben lässt die zarten Pflanzen abknicken und es kommt häufig nicht ausreichend Wasser dort an, wo es benötigt wird.

Die Pflanzen in den Pflanzlöchern gut, aber behutsam andrücken, damit der Wurzelballen einen guten Anschluss an die umliegende Erde bekommt und die Wurzeln direkt dort einwurzeln können.

Um das Gießwasser nach der Anwachsphase und der Etablierung der Jungpflanzen an ihrem neuen Standort im Beet dorthin leiten zu können, wo es gebraucht wird, helfen Pflanzrillen oder -kuhlen. Diese Rillen oder Kuhlen werden beim Auspflanzen angelegt. In jede gut gewässerte Rille oder Kuhle werden in einem Abstand von ca. 15–20 cm die Pflanzen gesetzt, die Wurzelballen mit Erde bedeckt und angedrückt. Beim Gießen sammelt sich dann das Wasser in der Nähe der Wurzeln und fließt nicht ungenutzt ab.

Genau wie beschrieben, kann auch vorgegangen werden, wenn die Jungpflanzen vor dem Auspflanzen noch vereinzelt werden sollen. Die wurzelnackten Pflanzen können zuerst im gewünschten Pflanzabstand in gut gewässerte Löcher oder Rillen gelegt werden. Die Wurzeln werden mit Erde bedeckt und die kleinen Pflanzen aufgerichtet. Anschließend wir die Erde behutsam fest gedrückt.

Nicht alle Schnittblumenarten möchten vereinzelt werden. Es gibt Arten, die empfindlich auf Störungen der feinen Wurzeln reagieren, durch das Vereinzeln Anwachsprobleme bekommen können und später im Wuchs kümmern. Diese sollten möglichst einzeln oder zu zwei Korn ausgesät werden, damit sie später nicht vereinzelt werden und wurzelnackt gepflanzt werden müssen. Zu diesen Arten gehören Zinnien und der Einjährige Rittersporn.

Das Gießwasser sammelt sich dort, wo es gebraucht wird: an den Wurzeln der Jungpflanzen in den Pflanzrillen.

Gewässerte Pflanzrille mit vereinzelten Kornblumen beim Auspflanzen im Frühjahr

Der Pflanzabstand

Auf den Samentütchen von Schnittblumen wird häufig ein Pflanzabstand angegeben. Er wird als Abstand zwischen den Pflanzen in einer Reihe und zwischen den Reihen definiert. Diese Abstände werden recht großzügig bemessen und sind von der Wuchsform der Schnittblumenart abhängig.

Wird der Abstand zu gering gewählt, kann es beim Ernten etwas mühselig sein, einzelne Stiele aus dem Gewirr der Nachbarpflanzen herauszubekommen. Bei der Einjährigen Skabiose, die sehr viele Blütenstiele pro Pflanze produzieren kann, passiert es schnell, dass sich krumme Stiele regelrecht verknoten. Auch bei der Pflege der Pflanze, beim Ausputzen verblühter Stiele oder der späteren Samenernte können die zu dicht gepflanzten Nachbarpflanzen und deren Stiele stören. Hier ist also ein größerer Abstand hilfreich, nicht aber Grundvoraussetzung für gutes Wachstum.

Auch bei Arten, die viele großflächige Blätter ausbilden, ist ein größerer Abstand sinnvoll. Die Rudbeckia beispielsweise bildet im Verhältnis zur Anzahl der Blüten sehr viele Blätter, die viel Platz in Anspruch nehmen.

Bei Zinnien hingegen, die nicht buschig wachsen und am unteren Haupttrieb nur spärlich beblättert sind, kann der Pflanzabstand meist geringer, als auf den Samentütchen

Zu dicht gepflanzte Schnittblumen lassen sich manchmal schlecht ernten. So wie diese Einjährige Skabiose, deren Stiele sich »verknoten«.

Bei recht wenigen Blütenstielen bildet Rudbeckia viele großflächige Blätter, die mehr Abstand erfordern.

Zinnienfeld im Hochsommer. Die Pflanzen sind mit einem geringen Abstand gepflanzt und lassen sich problemlos ernten.

angegeben, gewählt werden. Die stabilen, wenig verzweigten Pflanzen stützen sich gegenseitig. Auch die Blätter stören nicht bei der Ernte. Die Stiele der meist ganz gerade wachsenden Zinnien lassen sich einfach ernten.

Ein großer Vorteil von dichter stehenden Pflanzen ist, dass eine Beschattung des Bodens erreicht werden kann. Dadurch wird nicht nur die Verdunstung des Gießwassers verringert, sondern auch das Wachstum von Beikräutern unterdrückt.

Beim Gießen der dicht stehenden Schnittblumen sollte beachtet werden, dass das Wasser auch am Boden ankommt und nicht von den Blättern abgeleitet wird und ungenutzt verdunstet.

Durch Beschattung wird das Wachstum der Beikräuter im Bestand gehemmt.

Das Pinzieren

»Pinzieren« ist der Fachausdruck für »Entspitzen«. Hierfür wird der Haupttrieb über einem Blattpaar entfernt. Dies führt zur Ausbildung von neuen Trieben aus der Blattachsel. Diese Seitentriebe bilden wiederum an ihren Spitzen Blüten aus. So werden mehr Blüten an einem Stiel produziert. Die Bildung von neuen Seitentrieben fordert etwas Zeit, sodass die Blüte nach hinten versetzt wird. Wird nicht der gesamte Bestand pinziert, lässt sich eine Staffelung der Blütezeit erreichen.

Die Bildung von Seitentrieben erfolgt auch auf natürliche Weise. Dies erhöht die Wahrscheinlichkeit, dass eine Pflanze, trotz Verlust des Haupttriebes, Blüten und Samen bilden kann. Das Pinzieren fördert diese Art der Verzweigung.

Schnittblumenarten, die pinziert werden können, sind: Buntschopfsalbei, Cosmea, Dahlie, Duftwicke, Kornblume, Löwenmäulchen, Ringelblume, Strohblume, Tagetes und Zinnie.

Pinzierte Dahlie mit Seitentrieben

Frostige Jungpflanzen der Jungfer im Grünen. Die Direktsaaten aus dem Herbst können den Winter gut ohne weiteren Schutz überstehen.

Das Überwintern

Es gibt Schnittblumen, die sowohl ein- als auch zweijährig kultiviert werden können, je nachdem, wann der Lebenszyklus der Pflanze mit der Aussaat beginnt. Bei diesen Arten kann die Anzucht im frühen Herbst entweder draußen in einem geeigneten Aussaatgefäß oder als Direktsaat erfolgen. In Aussaatgefäßen können Löwenmäulchen, die im September gesät werden, überwintern. Für Direktsaaten im Spätsommer eignen sich die Jungfer im Grünen, die Kornblume, die Kornrade und die Wilde Möhre.

Bei Anzuchten in Gefäßen können die Pflanzen, sobald die Nächte kühler werden und bei den Pflanzen weniger sichtbares Wachstum vonstattengeht, vereinzelt in größere Töpfe umgepflanzt (pikiert) werden. In diesen Gefäßen wachsen sie dann bis zum Frühjahr heran und können vor den letzten Nachtfrösten, ab Anfang März, bereits ausgepflanzt werden. Die Jungpflanzen sollten bei Temperaturen unter -3 °C mit einem Vlies abgedeckt oder in einem Coldframe untergebracht werden, der mit einem Frostwächter frostfrei gehalten werden kann.

Die Direktsaaten der genannten Schnittblumenarten können ohne weitere Unterstützung überwintern. Frost macht ihnen nichts aus. Eventuell sollte im Frühjahr um sie herum Beikraut entfernt werden. Bei trockenen Frühjahren wird vielleicht Gießen notwendig. Direktsaaten können, wenn sie zu dicht gesät wurden, im Frühjahr auf die stärksten Pflanzen vereinzelt werden.

Zum Überwintern werden die Jungpflanzen in größere Pflanzgefäße pikiert.

5

Schnittblumen-anbau ohne Anzucht im Haus

»Wieso nicht der Natur einen großen Teil der Planung überlassen?«

Bei der großen Anzahl an unterschiedlichen Schnittblumenarten ist es häufig aufwendig, einen perfekten Aussaatplan zu erstellen. Wieso also nicht der Natur einen großen Teil der Planung überlassen und sich auf den Rhythmus der Jahreszeiten einstellen?

Durch die Verlagerung der Anzuchten nach draußen in Anzuchtgefäße und ins Freiland als Direktsaat kann eine Menge Aufwand gespart werden. Typische Probleme bei Anzuchten im Haus werden so vermieden.

Die Aussaat draußen in Anzuchtgefäßen – Vor- und Nachteile

Vorteil 1

Später Start

Anders als bei Aussaaten im Haus kann mit der Aussaat in Anzuchtgefäßen draußen wesentlich später begonnen werden. Die ersten Aussaaten, die frühestens Anfang März starten sollten, sind die der Duftwicke, des Einjährigen Rittersporns, der Jungfer im Grünen, der Kornrade, der Kornblume und der Wilden Möhre.

Vorteil 2

Kein Trauermücken- oder Schimmelbefall

Deutliches Plus: Durch die kühlen, oft frostigen Nachttemperaturen haben Trauermücken keine Chance. Trauermücken sind Insekten, deren Larven sich von Wurzeln junger Pflanzen ernähren und sie so absterben lassen. Auch die Schimmelbildung wird durch die niedrigen Temperaturen verhindert. Es kann auf Vermiculite verzichtet werden.

Starke, kurzstielige Einjährige Skabiosen

Vorteil 3

Weniger häufig gießen

Dadurch, dass draußen eine geringere Verdunstung stattfindet als im trockenen Raumklima drinnen, trocknen die Aussaatgefäße nicht so schnell aus. Der Regen gießt die Aussaaten. Dies natürlich nur, wenn die Gefäße nicht im Coldframe stehen.

Vorteil 4

Kein Vergeilen

Da die Pflanzen keinen warmen Temperaturen ausgesetzt sind, bilden sie keine langen Triebe aus. Die geringen Lichtverhältnisse und die kühlen Temperaturen regulieren das Pflanzenwachstum ideal.

Vorteil 5

Kein Hin- und Hertragen

Die Jungpflanzen brauchen aufgrund des späteren Aussaatzeitpunkts nicht mehr aus Angst vor Nachtfrösten ins Haus geholt und aus Angst vor dem Vergeilen tagsüber wieder rausgestellt zu werden. Hinzu kommt, dass das Abhärten, also das »An-die-draußen-herrschenden-Bedingungen-Gewöhnen« wegfällt.

Vorteil 6

Kein Sonnenbrand

Da die Pflanzen mit den Sonnenstrahlen aufwachsen, müssen sie nicht an diese gewöhnt werden. Die empfindlichen Pflanzen, die drinnen aufgewachsen sind, sind meist zarter und anfällig für die ersten richtigen Sonnenstrahlen und bekommen oft Sonnenbrand.

Vorteil 7

Kein künstliches Licht notwendig

Um den Pflanzen in der Anzucht im Haus in den Wintermonaten optimale Bedingungen zur Keimung »vorzugaukeln« und das Vergeilen zu verhindern, ist es notwendig, den Pflanzen ausreichend UV-Licht zur Verfügung zu stellen. Dies übernimmt draußen die Sonne.

Vorteil 8

Keine Heizung notwendig

Der Anzuchtraum muss nicht temperiert werden. Es ist also möglich, auf einiges an Ausrüstung (Heizmatten, Regale) zu verzichten.

Diese Ringelblume wurde von einer Raupe angefressen.

Amseln können innerhalb kurzer Zeit ziemliche Verwüstungen in den Anzuchten anrichten.

Nachteil 1

Schnecken, Raupen, Asseln

Die gefräßigen Tierchen lassen sich von den Anzuchtgefäßen nicht immer fernhalten. Besonders im Coldframe fühlen sie sich wohl. Dort ist es warm und es sprießt das erste köstliche Grün. Durch regelmäßige Kontrolle der Anzuchtgefäße lassen sich Schnecken und Raupen absammeln und Asseln vertreiben. Trotzdem kommt es durch die hungrigen Tierchen immer wieder zu partiellen Ausfällen.

Nachteil 2

Vögel

Die Aussaatsaison startet fast zeitgleich mit der Brutsaison der Vögel. Besonders Amseln sind gut darin, auf der Suche nach Futter für ihren Nachwuchs ganze Anzuchtplatten oder Topfreihen durchzupflügen und umzuschmeißen. Beim Durchwühlen der Erde geht so manches Samenkorn verloren oder wird verspeist. Die hinausgeworfenen Jungpflanzen lassen sich nur retten, wenn sie direkt wieder getopft werden.

Nachteil 3

Der längere Atem

Das Keimen der Schnittblumen dauert draußen länger als unter kontrollierten Bedingungen im Haus. Es ist Geduld gefragt. Diese wird aber mit besonders kräftigen Babypflanzen belohnt.

Nachteil 4

Verzicht

Es gibt ein paar Schnittblumenarten, die aufgrund ihrer langen Kulturzeit weniger erfolgreich draußen in Anzuchtgefäßen ausgesät werden können. Dazu gehören zum Beispiel die Levkojen.

Schnittblumen, die Pfahlwurzeln bilden, wie diese Wilde Möhre, können sich in Direktsaaten ideal entwickeln.

Die Aussaat im Freiland als Direktsaat – Vor- und Nachteile

Die Vorteile 1 bis 8 für die »Aussaat draußen in Anzuchtgefäßen« gelten gleichermaßen auch für die »Aussaat als Direktsaat«. Zusätzlich gibt es noch zwei weitere entscheidende Vorteile.

Vorteil 1

Das Pikieren entfällt

Die Jungpflanzen brauchen nicht, um Nährstoffmangel vorzubeugen, in größere Gefäße mit mit Nährstoffen angereicherte Erden umgepflanzt werden. Dieses erspart viel Arbeit und Platz. Bei den Direktsaaten können die Jungpflanzen, sollten sie zu dicht stehen, einfach umgesetzt oder auf die stärksten Pflanzen vereinzelt werden.

Vorteil 2

Richtiger Standort

Die ausgesäten Pflanzen haben von Beginn an ausreichend Platz für die Entwicklung eines artgerechten Wurzelsystems. Pfahlwurzeln können tief in die Erde wachsen, die Wurzeln können ihre Funktion der Verankerung der Pflanze erfüllen und den gesamten umliegenden Boden für die Wasser- und Nährstoffaufnahme erschließen.

Schnecken lieben die Jungpflanzen fast aller Schnittblumen.

Um einen Verlust von Samen durch Vögel und Kleinsäuger zu kompensieren, sollte bei Direktsaaten großzügig ausgesät werden.

Die Nachteile der Direktsaat sind nahezu die gleichen wie bei der »Aussaat draußen in Anzuchtgefäßen«. Ein paar wenige kommen noch hinzu.

Nachteil 1
Kleine Einschränkung in der Auswahl

Es gibt einige Schnittblumenarten, die sich weniger gut für die Direktsaat eignen. Dazu gehören Löwenmäulchen, Rudbeckia und Duftwicke.

Nachteil 2
Weniger Kontrolle

Mit der Direktsaat wird ein großes Stück Kontrolle über die Aussaaten abgegeben. Dadurch kommt es häufiger zu Verlusten. Eine Horde Nacktschnecken kann über Nacht einen ganzen Quadratmeter Tagetes vernichten. Der wahrscheinliche Verlust sollte mit eingeplant und von vornherein durch die Aussaat einer höheren Anzahl an Samen ausgeglichen werden.

Nachteil 3
Schneckenschutz

Der Schutz vor (Nackt-)Schnecken kann bei Direktsaaten sehr aufwendig sein. Wobei Schneckenkragen, die auch für Gemüsepflanzen verwendet werden, einen sehr guten Schutz gewährleisten. Durch Schneckenkragen und -zäune lassen sich einzelne Pflanzen oder ganze Quadratmeter auf einmal schützen. Je nach Erfahrung können auch natürliche Schneckenbarrieren helfen (Schafwolle, Gesteinsmehl und Ähnliches).

Nachteil 4
Mehr Samen

Um einen Verlust der Samen durch Vögel oder Kleinsäuger auszugleichen, empfiehlt es sich, größere Mengen Samen je Art auszubringen. Mehr Samen bedeuten höhere Kosten.

Schneckenbarrieren aus Kunststoff. Runde Kragen eignen sich für einzelne Pflanzen und eckige Schneckenzäune für flächige Pflanzungen.

6

Schnittblumen-porträts

Schnittblumen für den eigenen Anbau zu vermehren, kann auf den ersten Blick schwierig erscheinen. Auf den zweiten Blick wird erkennbar, dass für jede der unzähligen Arten dasselbe Prinzip gilt.

Keimen, wachsen, blühen, Bestäubung, Samenbildung

Dieser Kreislauf ist bei allen einjährigen Schnittblumen gleich. Im Folgenden werden 17 einjährige Schnittblumenarten beschrieben: von der Keimung bis zur Samenbildung, mit Angaben zu ihrer Herkunft. Für jede Art werden Besonderheiten in deren Aussaat und Kultur dargestellt. Wie sieht der Samen aus? Wie die Keimblätter, wie die ersten Laubblätter? Diese Informationen sind besonders wichtig, um die Schnittblumen in jedem Stadium ihres Lebenszyklus erkennen zu können. Bei der Samenernte sowie bei der Beobachtung der Entwicklung von Direkt- und Selbstaussaaten können die arttypischen Merkmale zur Bestimmung herangezogen werden.

Einige Samen lassen sich beispielsweise kaum unterscheiden. Die Samen des Einjährigen Rittersporns, der Jungfer im Grünen und der Kornrade sehen sich sehr ähnlich. Auch die Samen der Dahlie und der Zinnie lassen sich kaum unterscheiden

Die Samen der Rudbeckia und der Strohblume sehen sich, wenn der Pappus vom Samen der Strohblume entfernt wurde, in der Form sehr ähnlich. Sie unterscheiden sich aber in Farbe und Größe. Die Samen der Strohblume sind heller und etwas größer als die der Rudbeckia.

Diese Samen lassen sich kaum unterscheiden:
Jungfer im Grünen, Einjähriger Rittersporn und Kornrade.

Die Samen der Dahlie und der Zinnie sehen sich sehr ähnlich.

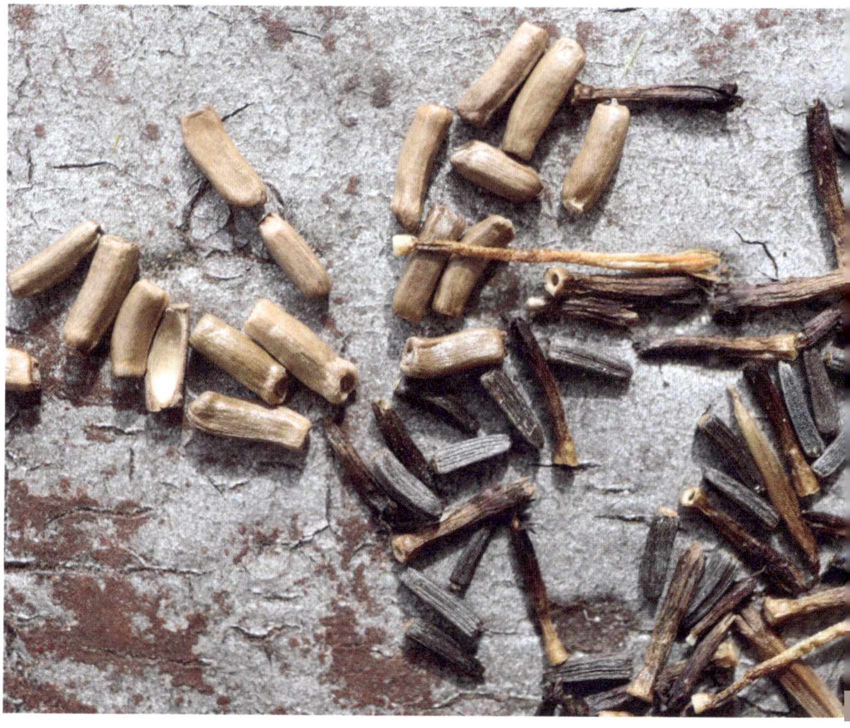

Sehen sich zum Verwechseln ähnlich: die Samen der Rudbeckia und der Strohblume (ohne Pappus).

Besonders bei Direktsaaten ist es hilfreich, die Jungpflanzen erkennen zu können. Der Buntschopfsalbei lässt sich an seinen arttypischen Keim- und Laubblättern zwischen den Beikräutern erkennen.

In diesem Beet hat sich ein Einjähriger Rittersporn versamt. Neben den Beikräutern ist er gut erkennbar.

Hier wachsen eine Wilde Möhre und eine Jungfer im Grünen in einem Anzuchttopf nebeneinander. Ihre arttypischen Laubblätter lassen eine sichere Unterscheidung zu.

Wenn sich Schnittblumen im Beet oder auf dem Blumenfeld selbst versamen dürfen oder Direktsaaten ausgebracht sind, hilft es, die Keim- und Laubblätter einer Art zuordnen zu können. Die Jungpflanzen zu erkennen, ist notwendig, um bei Direktsaaten zwischen der Schnittblume und dem Beikraut zu unterscheiden. Die besonderen Keim- und Laubblätter des Buntschopfsalbeis und des Einjährigen Rittersporns lassen sich leicht von denen der Beikräuter unterscheiden. Auch die Unterscheidung von Schnittblumenarten untereinander ist hilfreich, wenn in den Schnittblumenbeeten Selbstaussaaten keimen, die noch umgepflanzt werden können. Die Jungfer im Grünen lässt sich bei genauerem Hinsehen von Wilden Möhren gut unterscheiden.

Um die Reise ins eigene Blütenreich zu starten, werden hier 17 Schnittblumenarten detailliert vom Samen bis zur Blüte beschrieben. Alle Arten lassen sich über Samen vermehren. Mit den 17 verschiedenen Arten lassen sich Blumenfelder oder Gärten so gestalten, dass vom Frühsommer bis in den Herbst hinein wundervolle Blumen geerntet werden können.

Buntschopfsalbei

NAME BUNTSCHOPFSALBEI ODER SCHOPFSALBEI
BOT. NAME *SALVIA VIRIDIS*, SYNONYM *S. HORMINUM*

HERKUNFT

Der Buntschopfsalbei stammt aus dem Mittelmeerraum. Dort wächst die Pflanze ein- bis zweijährig. Ende des 16. Jahrhunderts wird sie in Kräuterbüchern erwähnt und seit Beginn des 17. Jahrhunderts in Deutschland in Gärten kultiviert.

BLÜTE UND SAMENSTAND

Die eigentlichen Blüten des Buntschopfsalbeis sind, wie die Farbe der Hochblätter, entweder weiß, lila-weiß oder rosa-weiß (Bild 1, 2 und 3). Sie erscheinen von Juli bis in den späten Herbst hinein. Der Blütenstand wird als Traube ausgebildet. Wenn die kleinen unauffälligen Blüten des Buntschopfsalbeis bestäubt sind, bilden sich in den Blütenkelchen die Samen. Zunächst ist der Blütenkelch grün. Während der Samenreife trocknet er ein und verfärbt sich bräunlich (Bild 4).

An den vierkantigen Stielen des Salbeis reifen die Samen in mehreren Etagen in den wirtelig zusammenstehenden Blüten von unten nach oben aus.

In jedem Blütenkelch reifen etwa vier bis sechs Samen heran. Die Blütenkelche weisen leicht gebogen nach oben. Sind die Stiele vollkommen ausgetrocknet, biegen sich die Kelche mit der Öffnung nach unten und der Samen fällt heraus.

1

2

3

4

MERKMALE DES SAMENKORNS

Die Samen des Buntschopfsalbeis sind eiförmig-oval, haben eine matte Oberfläche und sind bräunlich schwarz (Bild 5).

AUSSAAT

Der Buntschopfsalbei kann Ende März in Aussaatgefäßen draußen oder im Coldframe ausgesät werden. Dazu werden die Samen mit zwei bis drei Korn pro Multitopf oder in größere Aussaatschalen gesät. Eine Direktsaat ab Ende April bis Mai ist auch möglich und funktioniert sehr zuverlässig.

Die Samen werden höchstens samendick mit Erde bedeckt. Sobald die Samen mit Feuchtigkeit in Berührung kommen, kann eine Besonderheit beobachtet werden: Die Samen bilden vor der Keimung eine helle Schleimhülle um sich herum (Bild 6). Diese Hülle dient dem Schutz des Samenkorns. In der Wissenschaft wird vermutet, dass sie dazu dient, ein Samenkorn unverdaut durch den Verdauungstrakt von Vögeln zu bringen.

Die Keimung draußen oder im Coldframe dauert, je nach Witterung, bis zu vier Wochen.

5

6

7

9

10

8

KEIMBLÄTTER UND ERSTE LAUBBLÄTTER

Die nierenförmigen Keimblätter sind ganzrandig, an der Spitze abgeflacht und leicht eingekerbt (Bild 7). Beim Erscheinen der ersten Laubblätter werden die typischen Merkmale des Salbeis erkennbar. Die dicht mit hellen Haaren besetzten, kurzgestielten Blätter sind eiförmig, teilweise rundlich und haben eine tiefrunzelige Oberfläche. Der Blattrand ist gekerbt (Bild 8).

Die aufrecht wachsende Pflanze wird mit jedem Schnitt buschiger, da sie zahlreiche Seitentriebe ausbilden kann. An den Trieben sitzen dann von unten nach oben erst die Laubblätter, weiter oben die Blütenkelche und am »Schopf« des Stiels dann die bunten Hochblätter (Bild 9).

AUSPFLANZEN, STANDORT UND ERNTE

Wie auch andere Schnittblumen verträgt der Buntschopfsalbei leichte Nachtfröste. Die ab April bis Mai gesäten und gekeimten Pflanzen können schon vor den Eisheiligen ausgepflanzt werden. Der Pflanzabstand für den Buntschopfsalbei sollte von Pflanze zu Pflanze etwa 10–15 cm und in der Reihe 20 cm groß sein. Die Pflanzen wachsen recht buschig und werden bis zu 50 cm hoch. Sie können pinziert werden.

Der Buntschopfsalbei versamt sich gern selbst, wenn er sich wohlfühlt. Ein idealer Standort für den Salbei ist ein sonniger, sandiger und durchlässiger Boden.

Die Selbstaussaaten kommen erst später im Jahr dazu, ihre ganze Farbpracht zu entfalten, obwohl sie schon im März zu keimen beginnen. Dafür werden ihre Pflanzen robuster und die Stiele fester.

Die bunten Stiele des Salbeis können bis zum Frost geerntet werden. So zieren sie manchen Spätsommerstrauß. Auch als Trockenblumen eignet sich der Buntschopfsalbei hervorragend. Zum Trocknen werden die Stiele kopfüber aufgehängt. Ihre Farben bleiben in den Werkstücken lange erhalten (Bild 10).

Chinesisches Vergissmeinnicht

NAME CHINESISCHES VERGISSMEINNICHT
BOT. NAME *CYLOGLOSSUM AMABILE*

1

2

HERKUNFT

Das Chinesische Vergissmeinnicht stammt aus Asien, wo es unter anderem in China, Thailand und Nepal heimisch ist. Wann es als Zierpflanze nach Europa kam, ist nicht eindeutig belegt.

BLÜTE UND SAMENSTAND

Die Blüten des Chinesischen Vergissmeinnicht werden an einer doppeltverzweigten Rispe ausgebildet (Zyme). Die Hauptblütezeit reicht von Juli bis Oktober. Nachdem die blauen, rosa oder weißen Blüten bestäubt sind, reifen die auffälligen Samen von unten nach oben heran (Bild 1). Die Samen, die zu den Schließfrüchten zählen, verfärben sich während der Reife gräulich bis bräunlich und bilden die typische raue Oberfläche aus.

Jede Blüte bildet eine Zerfallfrucht aus, die meist in vier Teilfrüchte zerfällt (Bild 2).

MERKMALE DES SAMENKORNS

Die hellbraunen Teilfrüchte (Samen) weisen auf der Oberfläche zahlreichen Widerhaken auf, womit sie an fast allen Oberflächen haften bleiben (Bild 3). So werden sie weiträumig im Garten verteilt.

AUSSAAT

Das Chinesische Vergissmeinnicht kann ab April in Aussaatgefäßen draußen oder im Coldframe ausgesät werden. Dazu werden die Samen in größere Aussaatschalen gesät. Eine Direktsaat ab Ende April ist auch möglich und funktioniert sehr zuverlässig. Das Chinesische Vergissmeinnicht versamt sich selbst und kann im Frühjahr als Jungpflanze leicht umgepflanzt werden (Bild 4).

Die Samen werden etwa samendick mit Erde bedeckt. Bei der Aussaat im Coldframe oder draußen stören kühlere Nachttemperaturen nicht.

3

4

5

7

6

KEIMBLÄTTER UND ERSTE LAUBBLÄTTER

Die Keimblätter sind nahezu rund und dicht mit feinen weißen Härchen bedeckt (Bild 5). Bei der Ausbildung der ersten Laubblätter wird das eindeutige Erkennungsmerkmal sichtbar: Die kurz gestielten Laubblätter haben einen dunklen, fast roten, ganzrandigen Rand und sind behaart. Durch den dunklen Blattrand der Laubblätter wird das Chinesische Vergissmeinnicht unverwechselbar (Bild 6).

AUSPFLANZEN, STANDORT UND ERNTE

Wie bei anderen Schnittblumenarten, die sich gerne selbst versamen, vertragen auch die Jungpflanzen des Chinesischen Vergissmeinnichts leichte Nachtfröste. Deswegen können die Jungpflanzen aus der Anzucht auch schon vor den Eisheiligen ausgepflanzt werden. Längere, sehr tiefe Temperaturen können die Jungpflanzen aber nicht überstehen, weswegen sie eventuell abgedeckt werden sollten. Der Abstand zwischen den Pflanzen sollte etwa 10–15 cm und zwischen den Reihen etwa 15 cm groß sein.

Das Chinesische Vergissmeinnicht mag es sonnig. Es kommt gut mit tonigem Boden zurecht. Unter idealen Bedingungen kann es 60 cm hoch werden.

Die Selbstaussaaten beginnen Ende März zu keimen und wachsen dann sehr kompakt zu robusten Pflanzen heran. Jeder Stiel verzweigt sich reichlich, sodass schon mit wenigen Stielen in einem Werkstück viele der kleinen zarten Blüten ihren Platz finden (Bild 7).

Cosmea

NAME COSMEA, SCHMUCKKÖRBCHEN
BOT. NAME *COSMOS BIPINNATUS*

1

HERKUNFT

Die Cosmeen stammen aus Mexiko und sind auch im südwestlichen Amerika beheimatet. Ende des 18. Jahrhunderts gelangten sie nach England, von wo aus sie ihren Weg in die deutschen botanischen Gärten fanden. Bald darauf wuchsen sie auch in Privatgärten und sind seitdem nicht mehr aus Beeten und Rabatten wegzudenken.

BLÜTE UND SAMENSTAND

Die Blüte ist aus Zungen- und Röhrenblüten zusammengesetzt. Die Blütenblätter der Zungenblüten können in Farben von Weiß bis Dunkelrot und auch mehrfarbig ausgebildet werden. Es gibt gefüllte und gerüschte Blüten mit fransigen oder fast glatten Blütenblatträndern. Ab Anfang August bis zum ersten Frost erscheinen immer wieder neue Blüten. Die Samen der Cosmeen reifen in einem Körbchen heran, das aus Kelchblättern gebildet wird. Während der Reife werden die silbrig grünlichen Samen fest und die Samenschale verfärbt sich dunkel. Die unreifen Samen sitzen dicht zusammen und werden vom Körbchen geschützt (Bild 1).

Die Samen können geerntet werden, sobald sie sich dunkel färben. Dann lassen sie sich ganz einfach aus dem Körbchen herauslösen (Bild 2). Wenn die Samen vollständig entwickelt sind, öffnet sich das Körbchen sternförmig und die Samen fallen herab (Bild 3).

Das Ernten der Samen ist auch möglich, wenn sie noch nicht vollständig ausgereift sind. Dafür kann der Blütenkopf im Ganzen gesammelt und zum Nachreifen trocken und warm gelagert werden. Die Blütenköpfe sollten aber nicht zu früh zum Nachreifen geerntet werden, da die Samen sonst nicht vollständig ausreifen.

2

3

4

5

MERKMALE DES SAMENKORNS

Die mondförmigen Samen der Cosmeen sind Schließfrüchte und unverwechselbar. Sie sind etwas kleiner als 1 cm und leicht gebogen. Die Enden laufen spitz zu. Die reifen Samen sind dunkelbraun bis schwarz (Bild 4).

AUSSAAT

Cosmeen sind in der Aussaat sehr flexibel. Sie gedeihen in Direktsaat ab April bis Mai genauso zuverlässig wie in Anzuchtgefäßen. Eine Anzucht im Haus ist nicht nötig. Selbstaussaaten sind nicht ungewöhnlich und bringen starke Pflanzen hervor.

Die Samen mit etwas Erde bedecken und bis zur Keimung feucht halten. Dabei können die Samen einzeln oder zu mehreren zum Beispiel in Multitopfplatten oder anderen Aussaatgefäßen ausgesät werden (Bild 5). Die Jungpflanzen sind unempfindlich und lassen sich beim Auspflanzen vereinzeln. Die Jungpflanzen unbedingt vor Frost schützen.

KEIMBLÄTTER UND ERSTE LAUBBLÄTTER

Die Keimblätter sind ganzrandig, länglich und zeigen eine teilweise helle, deutlich ausgeprägte Mittelrippe, die sich bis zur abgerundeten Blattspitze verjüngt (Bild 6).

Die Laubblätter der Cosmeen sind rundlich-oval, ganzrandig, mehrfach fiederförmig geteilt und sehr kurz bis gar nicht gestielt. Schon während der Ausbildung der Keimblätter wird bei vielen Sorten die rötlich gefärbte Sprossachse erkennbar (Bild 7).

6

7

8

10

9

AUSPFLANZEN, STANDORT UND ERNTE

Die vorgezogenen Jungpflanzen der Cosmeen können erst nach den Eisheiligen ausgepflanzt werden. Direktsaaten ab Mai und die Selbstaussaaten keimen erst recht spät, sodass kein zusätzlicher Schutz nötig ist. Die Jungpflanzen können mit einem Abstand von 20 cm zueinander und 30 cm Abstand zwischen den Reihen gepflanzt werden. Oft erreichen einzelne Pflanzen eine Höhe von bis zu 2 m. Rechtzeitiges Pinzieren und mehrfaches Ernten von Blütenstielen führt zu einem weniger hohen Wuchs (Bild 8).

Die Cosmeen sind anspruchslos und gedeihen an sonnigen bis halbschattigen Standorten gut. Auch an den Boden stellen sie keine besonderen Ansprüche.

Die Blütenstiele sollten geerntet werden, wenn noch keine Bestäubung stattgefunden hat. Dies ist an den gelben, ungeöffneten Staubblättern in der Mitte der Blüte erkennbar. Bild 9 zeigt eine erntereife Blüte. Ungeöffnete Blüten gehen in der Vase mit etwas Glück auch noch auf (Bild 10). Die Pflanzen bilden nach dem Schnitt bis spät in den Herbst hinein neue Blüten.

Dahlie

NAME DAHLIE
BOT. NAME *DAHLIA* SPEC.

1

2

HERKUNFT

Die Dahlie stammt aus Mexiko, wo sie bereits Ende des 16. Jahrhunderts zum ersten Mal durch Spanier beschrieben wurde. Um 1800 gelangten ersten Knollen und Samen nach Europa. Auch Alexander von Humboldt sandte Samen aus Mexiko nach Berlin und Paris. Die Dahlienzucht schritt schnell voran, sodass Dahlien ebenfalls für weniger betuchte Gartenliebhaber erschwinglich wurden. Schon bald war die Dahlie mit ihren unzähligen Sorten zu einer der beliebtesten Gartenblumen geworden.

BLÜTE UND SAMENSTAND

Die Blüte ist aus Zungen- und Röhrenblüten aufgebaut. Die Blüten erscheinen von August bis zum ersten Frost und können die unterschiedlichsten Farben annehmen (weiß bis dunkelrot oder zwei- und mehrfarbig). Die äußeren Kelchblätter des Körbchens schützen die Samen während der Reife.

Die Samen der Dahlien reifen eng aneinandergelegen in eiförmigen Blütenständen heran. Da die Samen so dicht beisammen ausreifen, sammelt sich häufig Nässe im Blütenstand (Bild 1). Dies ist während des natürlichen Reifeprozesses nicht hinderlich, führt aber manchmal dazu, dass die Samen, wenn sie ausgereift und die sie umgebenden Blütenteile abgestorben sind, zu einer Anfälligkeit für Fäule neigen. Besonders bei feuchtwarmen Herbsttagen können die reifen Samenstände faulig werden.

Um den Reifeprozess zu beschleunigen und das Faulen zu verhindern, kann der reifende Samenstand behutsam ausgedrückt und damit das überschüssige Wasser entfernt werden.

Die Samen der Dahlien sollten im trockenen Zustand geerntet werden. Vollständig ausgereifte Samenstände sind dunkelbraun und fallen leicht auseinander (Bild 2). Früher geerntete Samenstände sollten unbedingt vorsichtig aufgebrochen und die Samen einzeln zum Trocknen ausgelegt werden.

3

4

MERKMALE DES SAMENKORNS

Die flachen schwarzbräunlichen Samen der Dahlie haben eine leicht längs gerillte, matte Oberfläche. Die lang gestreckte ovale Form verbreitert sich nach oben und schließt abgeflacht ab. Am oberen Ende des Samens ist meist eine Einbuchtung zu erkennen, die seitlich mit zwei kleinen »Hörnchen« endet (Bild 3). Die Samen der Dahlien können mit denen der Zinnien leicht verwechselt werden (siehe Porträt »Zinnie«).

AUSSAAT

Dahlien sind sehr frostempfindlich. Die Aussaat sollte deswegen in Anzuchtgefäßen frühestens Anfang Mai beginnen.

Als Aussaatgefäße eignen sich Multitopfplatten oder Staudentöpfe sowie andere großflächige Gefäße (Bild 4). Die Anzuchtgefäße können zu einem Drittel mit Blumenerde oder Kompost und mit einer dünneren Schicht Aussaaterde gefüllt werden. So werden die jungen Dahlien schnell mit Nährstoffen versorgt.

Die Samen mit etwas Erde bedecken und bis zur Keimung feucht halten. Dahlien werden schnell groß und brauchen etwas Platz. Sie fangen schon im Jungpflanzenstadium mit der Bildung ihrer Knollen an (Bild 5).

Die Blütenfarbe der Dahlien, die aus Samen gezogen werden, ist sehr variabel. Jedes Jahr können neue Farben aus den Samen hervorgehen. Da die Dahlien bereits im Aussaatjahr Knollen bilden, können besonders schöne Sämlinge für die nächste Saison über die Knollen erhalten werden.

5

6

KEIMBLÄTTER UND ERSTE LAUBBLÄTTER

Die Keimblätter der Dahlien sind länglich-oval und ganzrandig. Sie verbreitern sich zur Blattspitze hin, haben eine deutliche Mittelrippe und einen verbreiterten Blattstiel (Bild 6).

Die ovalen bis eiförmigen Laubblätter der Dahlie sind mal mehr mal weniger ausgeprägt gesägt, seitlich behaart und sitzen an meist kurzen Stielen (Bild 7).

7

8

9

AUSPFLANZEN, STANDORT UND ERNTE

Die Dahlie, besonders die zarte Jungpflanze, verträgt keinen Frost. Selbst Temperaturen nahe dem Gefrierpunkt machen ihr zu schaffen. Deswegen sollten die Jungpflanzen erst ausgepflanzt werden, wenn keine Frostgefahr mehr besteht.

Ihr Standort sollte sonnig sein. Auch an halbschattigen Standorten kann die Dahlie gut gedeihen.

Die Pflanzen können mit einem Abstand von 30 cm von Pflanze zu Pflanze und in der Reihe von etwa 40 cm gesetzt werden (Bild 8). Beim Auspflanzen darf die Pflanze etwas tiefer gesetzt werden, als sie gewachsen ist. Die Keimblätter vorsichtig entfernen, da sie ohnehin vergraben werden. Das gibt ihr im Wachstum etwas mehr Stabilität. Eine Dahlie kann etwa 80 cm hoch werden.

Um zu vermeiden, dass nur ein oder wenige Blütenstiele gebildet werden, sollte die Dahlie pinziert werden (Bild 9). Das Pinzieren führt zu einem kompakteren, buschigeren Wuchs. Wird die Dahlie beerntet, entsteht derselbe Effekt.

Die Blüten der Dahlie halten im nicht bestäubten Zustand ungefähr fünf Tage in der Vase (Bild 10). Ungeöffnete Blüten gehen meist nicht mehr auf, wenn sie geerntet wurden.

10

Duftwicke

NAME DUFTWICKE ODER WICKE
BOT. NAME *LATHYRUS ODORATUS*

HERKUNFT

Die Duftwicken stammen aus dem südlichen Italien und wurden von dort aus Ende des 17. Jahrhunderts nach England geschickt. In Deutschland wurden sie ab Anfang des 18. Jahrhunderts kultiviert. Aufgrund ihres besonderen Duftes wurden sie dann ab Mitte des 19. Jahrhunderts schwerpunktmäßig in England züchterisch weiterentwickelt. In Nordamerika entstanden ebenfalls zahlreiche Varianten der Duftwicke. Auch heute entstehen jährlich neue Sorten.

BLÜTE UND SAMENSTAND

Die Blüten der Duftwicken erscheinen von Juni bis August als traubiger Blütenstand in einem großen Farbspektrum von Weiß über Creme bis Dunkelrot. Auch zweifarbige oder panaschierte Blüten kommen vor. Aufgereiht in einer Hülsenfrucht (umgangssprachlich auch Schote genannt) reifen die Samen der Duftwicken an der Pflanze heran (Bild 1). Der Samenstand der Duftwicke sieht dem der Speiseerbse zum Verwechseln ähnlich, da sie eng miteinander verwandt sind.

Bei den Wickenpflanzen reifen die Samen an langen Blütenstielen bereits im Hochsommer aus. Anfangs sind die Hülsenfrüchte grün und die Samen flach. Mit der Zeit bekommen die Samen ihre typische Form und die Hülse verfärbt sich von Grün hinüber ins Bräunliche (Bild 2).

Ist der Samen reif, platzt die Hülsenfrucht an der Bauch- und Rückennaht bei einer leichten Berührung auf und die Samen fliegen durch die Luft (Bild 3).

1

2

3

MERKMALE DES SAMENKORNS

Die Duftwicke besitzt mit die größten Samen unter den Schnittblumen. Sie sind rund und haben einen Durchmesser von etwa 5 mm. Die Größe variiert teilweise von Sorte zu Sorte, behält aber immer ihre typische Form. Die reifen Samen sind dunkelbraun bis schwarz, haben eine matte Oberfläche und einen hell gefärbten Samennabel (Hilum). Wenn die Samen komplett ausgereift sind und die Hülse aufplatzt, kringelt sich das zweigeteilte Fruchtblatt auf (Bild 4).

AUSSAAT

Duftwicken können im zeitigen Frühjahr ab Mitte März ausgesät werden. Da die Duftwicke tiefreichende Wurzelsysteme ausbildet, sollte ihr bereits bei der Aussaat vergleichsweise viel Platz gegeben werden. Hierzu können die Samen beispielsweise in aufgeschnittenen Milchtüten oder hohen Pflanztöpfen ausgesät werden (Bild 5).

Die Aussaatgefäße zu zwei Drittel mit Pflanzenerde oder Kompost und zu einem Drittel mit Anzuchterde füllen. Die Samen etwa 3 cm tief einzeln aussäen.

Die Keimung draußen oder im Coldframe dauert, je nach Witterung, bis zu vier Wochen.

Duftwicken können auch über Stecklinge vermehrt werden. Dafür den Haupttrieb abtrennen, sodass wenigstens drei Blattpaare an der Pflanze verbleiben und drei Blattpaare am Steckling vorhanden sind. Am Steckling die unteren zwei Blattpaare sauber abtrennen und ihn ca. 5 cm in ein vorgestochenes Loch in Anzuchterde setzen. Die Erde festdrücken und gut wässern. Innerhalb von sechs bis acht Wochen hat der Steckling Wurzeln gebildet und kann ausgepflanzt werden (Bild 6).

4

5

6

KEIMBLÄTTER UND ERSTE LAUBBLÄTTER

Bei der Duftwicke gibt es eine Besonderheit bei der Keimung. Das erste an der Oberfläche erscheinende Blattpaar wird nicht, wie bei anderen Schnittblumen, von Keimblättern gebildet. Es handelt sich hierbei um ein Laubblattpaar. Duftwicken keimen hypogäisch, weshalb oberirdisch keine Keimblätter zu sehen sind.

Die Laubblätter der Duftwicke sind zweifach gefiedert und ganzrandig. Die Fiederblättchen sind eiförmig-elliptisch und laufen zu einer abgesetzten Spitze zusammen (Bild 7).

Die Nebenblätter sind zu Ranken ausgebildet, mit deren Hilfe die Duftwicke zu einer echten Kletterkünstlerin wird.

7

8

9

AUSPFLANZEN, STANDORT UND ERNTE

Da die Duftwicken leichte Fröste vertragen, können sie bereits Anfang bis Mitte April ausgepflanzt werden. Die kleinen Pflanzen haben dann bereits ihre ersten Ranken gebildet und streben gen Himmel. Deswegen kann den Pflanzen direkt eine Kletterhilfe angeboten werden (Bild 8). Da Duftwicken im Wuchs nach oben streben, reicht ein Pflanzabstand von 20–30 cm zwischen den Pflanzen und ein Abstand von Reihe zu Reihe von ca. 40 cm aus. Mit Kletterhilfe kann die Duftwicke eine Höhe von 2 m erreichen.

Ins Pflanzloch darf gerne etwas Kompost oder Dünger eingearbeitet werden. Um ein Umknicken der Pflanzen zu verhindern, können diese etwas tiefer in die Erde gesetzt werden.

Sollte doch mal eine Pflanze abknicken, ist das kein Problem. Denn die Duftwicke neigt von Natur aus zur Bildung von Seitentrieben und kann sogar für eine bessere Verzweigung pinziert werden.

Wicken sind anspruchslos an den Boden und gedeihen besonders gut an sonnigen Standorten. Im Halbschatten blühen sie weniger üppig. Einen der wichtigsten Pflanzennährstoffe, den Stickstoff, können die Duftwicken mithilfe von Knöllchenbakterien an den Wurzeln aus der Luft binden und für sich verfügbar machen (Bild 9). So können sie auch in stickstoffärmeren Böden gut gedeihen. Laub und Wurzeln können als Dünger für den nächsten Sommer im Boden belassen werden.

Nicht nur wegen der fein duftenden Blüten ist die Wicke eine tolle Schnittblume. Auch die Stiele mit den Ranken und dem feinen grünen Laub sind wundervolle Elemente in wilden Gestecken und Sträußen (Bild 10). Um die Blütezeit der Wicken zu verlängern, sollten die abgeblühten Stiele regelmäßig entfernt werden. So bildet die Wicke immer neue Blüten aus, anstatt in die Samenproduktion zu gehen.

10

Einjähriger Rittersporn

NAME EINJÄHRIGER RITTERSPORN, GARTEN-RITTERSPORN
BOT. NAME *CONSOLIDA AJACIS*

1

BLÜTE UND SAMENSTAND

Die Farben der in Trauben angeordneten Einzelblüten des Einjährigen Rittersporns variieren von Weiß bis Dunkelblau. Auch mehrfarbige Blüten kommen vor. Die Hauptblütezeit ist Juli und August. Die kleinen länglichen Samenkapseln sehen den Schoten sehr ähnlich. In der länglichen Balgfrucht reifen mehrere Samen heran. Anfangs sind die Früchte grün. Meist zeichnen sich die Samen als kleine Wölbungen auf der Oberfläche ab. Die Samen reifen in ihren Früchten von unten nach oben entlang des Blütenstiels heran. So kann es sein, dass unreife Samen und Blüten an einem Blütenstiel vorhanden sind (Bild 1).

Ist der Samenstand reif, verfärbt er sich von Grün ins Bräunliche. Dann öffnet sich der Samenstand an der Naht und die Samen fallen bei leichter Berührung heraus (Bild 2).

Die langen Stiele des Rittersporns dienen als Katapult und die Samen werden aus den offenen Samenständen herausgeschleudert.

HERKUNFT

Aus dem Mittelmeergebiet kam der Einjährige Rittersporn im 16. Jahrhundert über Italien nach Mitteleuropa. In Deutschland angekommen, wurde er schnell sehr beliebt. Durch Auslesezüchtung entstanden viele neue Sorten, die sich weit verbreiteten. Eine zweite Art der Gattung *Consolida*, die auch als Zierpflanze kultiviert wird, ist der Gemeine Feldrittersporn (*C. regalis*). Beide Arten sehen sich sehr ähnlich, wobei der Feldrittersporn in Deutschland heimisch ist. Die als Stauden-Rittersporn (*Delphinium*-Arten) bekannten ausdauernden Arten sind nicht mit dem Einjährigen Rittersporn und dem Feldrittersporn zu verwechseln.

2

3

4

MERKMALE DES SAMENKORNS

Die Samen des Einjährigen Rittersporns sind ausgereift braun oder tiefschwarz. Sie haben eine fast dreieckige Form mit deutlichen Kanten und laufen an einem Ende spitz zu. Ihre Oberfläche ist tief quer gerillt (Bild 3).

Die Samen können auf den ersten Blick mit denen der Jungfer im Grünen (siehe Porträt »Jungfer im Grünen«) oder der Kornrade (siehe Porträt »Kornrade«) verwechselt werden.

AUSSAAT

Die Aussaat des Einjährigen Rittersporns kann etwas kniffelig sein. Die Samen keimen sehr unregelmäßig. So kann es sein, dass die ersten Pflanzen bereits Laubblätter ausbilden und andere Samen, die zum gleichen Zeitpunkt gesät wurden, noch nicht einmal keimen. Es ist Geduld gefragt (Bild 4).

Um starke Pflanzen zu erhalten, sollte der Rittersporn in Direktsaat gesät werden. Dafür können die Samen im Frühherbst (etwa Mitte September) oder im zeitigen Frühjahr (ab Mitte März) direkt ins Beet gesät werden. Die Samen leicht mit Erde bedecken. Kühle Temperaturen im Herbst und frostige Temperaturen im Winter fördern die Keimung.

Das Vorziehen in Aussaatgefäßen ab März oder Spätherbst ist auch möglich. Wobei es einiges zu beachten gibt. Das Gefäß sollte möglichst tief sein, da der Rittersporn schnell sehr tief wurzelt. Das Auspflanzen und das Pikieren stören die empfindlichen Wurzeln des Rittersporns. In Multitopfplatten möglichst zu einem oder zwei Korn aussäen, sodass kein Vereinzeln notwendig ist. Der beste Zeitpunkt für die Aussaat in Gefäßen ist Anfang März.

Bei der Direktsaat kann in Rillen gesät werden. Die Reihen können im Abstand von ca. 20 cm gezogen werden. Zu dicht stehende Reihen können durch Vereinzeln der Pflanzen gelichtet werden. Werden vorgezogene Pflanzen ausgepflanzt, reicht ein Abstand von 15 cm von Pflanze zu Pflanze. Der Abstand der Reihen kann wie bei der Direktsaat gewählt werden.

5

6

KEIMBLÄTTER UND ERSTE LAUBBLÄTTER

Die Keimblätter des Einjährigen Rittersporns sind rund bis flach herzförmig und ganzrandig. Bei genauerem Hinsehen werden die längs verlaufenden hellen Blattadern erkennbar (Bild 5).

Die Laubblätter des Einjährigen Rittersporns sind tief gelappt und gestielt (Bild 6). Leicht lassen sich die Jungfer im Grünen (siehe Porträt »Jungfer im Grünen«) und der Rittersporn in dieser Wachstumsphase verwechseln.

In der weiteren Entwicklung werden die Folgeblätter filigraner. An dem aufrecht wachsenden Hauptrieb sitzen sie dann büschelartig und ungestielt (Bild 7).

7

8

AUSPFLANZEN, STANDORT UND ERNTE

Der Rittersporn sollte in Direktsaat gesät werden. Dies verspricht die stärksten Pflanzen. Wenn der Rittersporn, zum Beispiel aus Platzmangel, dennoch vorgezogen wurde, kann er bereits im März ausgepflanzt werden. Die Jungpflanzen vertragen auch stärkere Fröste sehr gut. Fühlt sich der Rittersporn wohl, versamt er sich gerne (Bild 8).

Beim Auspflanzen sollte ein Abstand von etwa 15 cm zwischen den Pflanzen und 20 cm zwischen den Reihen gewählt werden. Da der Rittersporn in die Höhe strebt, benötigt er an der Pflanzenbasis wenig Platz. Er kann eine Höhe von 150 cm erreichen. An windexponierten Lagen benötigt er eine Stütze.

Am besten gedeiht der Einjährige Rittersporn in der vollen Sonne. Der Boden kann gerne sandig sein. Aber auch tonhaltigen Boden verträgt er gut.

Nach dem ersten Schnitt im Frühsommer treibt der Rittersporn neue, etwas kleinere Blütenstände aus. Für frische Sträuße können die Stiele mit zu einem Drittel geöffneten Blüten geerntet werden (Bild 9). Sollen die Blüten getrocknet werden, darf jede Blüte geöffnet sein. In der Vase hält der Einjährige Rittersporn eine gute Woche.

9

Einjährige Skabiose

NAME SKABIOSE, GARTEN-SKABIOSE
BOT. NAME *SIXALIX ATROPURPUREA* SYNONYM *SCABIOSA ATROPURPUREA*

1

BLÜTE UND SAMENSTAND

Die als Köpfchen ausgebildeten Blüten der Skabiose gibt es in Weiß, Hellgelb, Rot- und Blautönen (Bild 1). Die Blüten erscheinen an langen Stielen von Juli bis weit in den Oktober hinein. Ist die Skabiose verblüht, bildet sie eiförmige bis kugelige Samenstände aus, die zunächst grün sind (Bild 2). Die Samenstände sind aus einer Vielzahl an Schließfrüchten zusammengesetzt, wovon jede einen Samen in sich trägt. Jeder Samen ist von einem Kelch umgeben.

Die Samen reifen an ihrem Samenstand dicht beieinander von oben nach unten aus. Der grüne Samenstand verfärbt sich währenddessen hellbraun bis beige (Bild 3).

HERKUNFT

Aus dem Mittelmeerraum stammend, hielt die Skabiose wohl Ende des 16. Jahrhunderts über England ihren Einzug in Mitteleuropa. Aus England gelangte die Skabiose auch nach Deutschland, wo sie seit Anfang des 17. Jahrhunderts bis heute in zahlreichen Sorten angebaut wird.

2

3

4

5

6

MERKMALE DES SAMENKORNS

Die Samen der Skabiose sitzen einzeln in kleinen Kelchen am Samenstand. Eindeutiges Erkennungsmerkmal sind die aus dem Kelch wachsenden Kelchborsten, an deren Ende der eigentliche Samen haftet (Bild 4 und 5).

Die Samen haften mithilfe der Kelchborsten an vorbeistreifenden Tieren und verbreiten sich so.

Im Winter bleiben die reifen Samenstände oft an der vertrockneten Pflanze stehen. Sie sind sehr dekorativ und dienen Vögeln und Kleinsäugern als Nahrungsquelle (Bild 6).

AUSSAAT

Die Skabiose lässt sich in Aussaatgefäßen und auch in Direktsaat gut aussäen. Eine Anzucht im Haus ist nicht nötig, um ab Juli eine reiche Ernte zu erhalten.

Als Aussaatgefäße eignen sich Multitopfplatten oder Staudentöpfe. In den Multitopfplatten können in jeder Zelle ein bis zwei Korn gesät werden. In anderen Aussaatgefäßen können mehrere Samen gesät werden. Da sich die Jungpflanzen später gut vereinzeln lassen, sind zu dicht gesäte Pflanzen kein Problem. Die Aussaat in Gefäßen kann ab Anfang März in einem Coldframe und ungeschützt ab Mitte April begonnen werden.

Die Direktsaat der Skabiose kann ab Anfang Mai gestartet werden. Dazu die Samen in einem Abstand von 20 cm zueinander und in der Reihe aussäen und leicht mit Erde bedecken.

7

8

9

KEIMBLÄTTER UND ERSTE LAUBBLÄTTER

Die Keimblätter der Skabiose sind rundlich bis oval, an der Blattbasis schmal zulaufend und ganzrandig. Sie bilden eine deutliche Mittelrippe aus. An der Blattspitze sind die Keimblätter flach abgerundet und weisen eine deutliche Einkerbung auf (Bild 7). Bis zum Erscheinen der ersten Laubblätter sind die Skabiosen leicht mit den Zinnien (siehe Porträt »Zinnie«) zu verwechseln.

Bildet die Skabiose ihre ersten Laubblätter aus, ist die Bestimmung einfacher und eine Verwechselung mit der Zinnie kann ausgeschlossen werden. Die Laubblätter der Skabiose sind rundlich und einfach gesägt. Die Blattadern zeichnen sich deutlich ab (Bild 8).

AUSPFLANZEN, STANDORT UND ERNTE

Die in Direktsaat gesäten Skabiosen können als Jungpflanzen noch vereinzelt oder umgesetzt werden. Die vorgezogenen Jungpflanzen können ab Anfang April in die Erde gesetzt werden. Falls nötig, können sie auch vereinzelt und wurzelnackt ausgepflanzt werden. Ein Abstand von 20 cm zwischen den Pflanzen und in der Reihe reicht den Pflanzen, um sich prächtig entwickeln zu können. Bei zu dicht gepflanzten Skabiosen vertüdeln sich die Stiele und die Ernte wird etwas mühsam (Bild 9).

Skabiosen mögen kalkhaltigen Boden. Beim Aus- oder Umpflanzen kann in die Pflanzlöcher und -reihen oder an den Ballen Kalk gegeben werden (Bild 10). Mit dem Kalk, zum Beispiel aus gemahlenen Eierschalen, kann der Boden für die Pflanzen optimiert werden. Das Kalken ist aber nicht zwingend notwendig.

Skabiosen mögen Standorte in voller Sonne. Auch zeitweise Trockenheit im Sommer vertragen sie gut.

Die Skabiosen können bis zu 100 cm groß werden. Ihre langen Stiele wachsen unverzweigt aufrecht. Ein Stütznetz ist nur erforderlich, wenn die Skabiose an einer windexponierten Lage gepflanzt wird oder keine krummen Stiele produziert werden sollen. Die Vasenhaltbarkeit der Einjährigen Skabiose ist unschlagbar. Nicht bestäubte Blüten halten bis zu 14 Tage.

10

Jungfer im Grünen

NAME JUNGFER IM GRÜNEN, NIGELLA
BOT. NAME *NIGELLA DAMASCENA*

1

2

HERKUNFT

Die Jungfer im Grünen stammt aus dem Mittelmeergebiet und ist sowohl in der Türkei als auch auf den Kanarischen Inseln heimisch. Seit Anfang des 16. Jahrhunderts ist sie in Mitteleuropa als Gartenpflanze bekannt und wird seit Mitte des 16. Jahrhunderts auch in Deutschland kultiviert.

BLÜTE UND SAMENSTAND

Die zarten, mit filigranen Blättern umgebenen Blüten der Jungfer im Grünen sind weiß, blau, selten rosa und als Köpfchen ausgebildet. Sie blüht von Ende Mai bis Juni. Späte Aussaaten blühen auch im Juli und August. Die Jungfer im Grünen hat einen ganz besonderen Samenstand. Die ballonförmigen Samenkapseln wirken wie aufgepustet. Anfangs sind sie entweder grün und haben, je nach Sorte, dunkle breite Längsstreifen, sind ganz grün oder komplett dunkel gefärbt (Bild 1). Sind sie reif, enthalten sie zahlreiche schwarze Samen, die in kleineren Abteilungen heranreifen. Erst wenn sich die Samenkapsel am oberen Ende spaltförmig öffnet, die Haut der Kapsel ausgetrocknet ist, sich bräunlich verfärbt hat und die Samen von selbst herausfallen, sind sie erntereif (Bild 2).

Zur Ernte können die Samen entnommen werden, indem die Kapsel aufgebrochen wird. Soll die Kapsel erhalten bleiben, können die Samen kopfüber herausgeschüttelt werden.

3

MERKMALE DES SAMENKORNS

Die Samen der Jungfer im Grünen sind schwarz und wenige Millimeter groß. Sie haben eine quer gerillte, runzelige Oberfläche (Bild 3).

Die Samen ähneln denen des Einjährigen Rittersporns (siehe Porträt »Einjähriger Rittersporn«) und der Kornrade (siehe Porträt »Kornrade«) sind aber von der Form her eiförmiger ausgebildet.

4

AUSSAAT

Die Jungfer im Grünen lassen sich auf verschiedenen Wegen aussäen. Hat man sie einmal im Garten, versamt sie sich gern selbst. Die Selbstaussaat bringt oft kräftige und frühe Blüten hervor.

Bei einer Anzucht in Aussaatgefäßen kann die Jungfer im Grünen ab Anfang März bis April in einem Coldframe oder an einer geschützten Stelle draußen ausgesät werden. Hierfür die Samen mit etwas Erde bedecken und bis zur Keimung feucht halten. Eine Aussaat von zwei bis drei Korn in Multitopfplatten vereinfacht das Auspflanzen, da die kleinen Pflanzen dann nicht vereinzelt werden müssen.

Eine Direktsaat ab März bis Mai und im September ist ebenfalls möglich. Dafür in Reihen mit einem Abstand von 10 cm (Bild 4) oder breitwürfig in der Fläche aussäen.

5

6

7

KEIMBLÄTTER UND ERSTE LAUBBLÄTTER

Die Keimblätter sind länglich, ganzrandig und wachsen aufrecht (Bild 5). Zwischen den Keimblättern erscheint das erste fast dreieckige bis herzförmige, charakteristisch tief handförmig geteilte, lang gestielte Laubblatt (Bild 6). Der Blattrand ist ganzrandig. Es wächst aufrecht. Die Laubblätter reduzieren sich im weiteren Wachstum immer mehr und werden immer filigraner.

Die Keim- und die ersten Laubblätter der Jungfer im Grünen können bis zur vollständigen Ausbildung mit der Wilden Möhre (siehe Porträt »Wilde Möhre«) oder dem Einjährigen Rittersporn (siehe Porträt »Einjähriger Rittersporn«) verwechselt werden.

Ein sicheres Bestimmungsmerkmal der Jungfer im Grünen sind die gelben Wurzeln der Jungpflanzen (Bild 7).

8

AUSPFLANZEN, STANDORT UND ERNTE

Die vorgezogenen Pflanzen aus den Aussaatschalen können bereits früh ab April ausgepflanzt werden. Sie vertragen Nachtfröste sehr gut (Bild 8). Der Pflanzabstand kann 10 cm zwischen den Pflanzen und in der Reihe betragen.

Die Jungfer im Grünen verträgt sonnige sowie halbschattige Standorte und hat keine besonderen Ansprüche an ihren Standort. Sie gedeiht in jedem Boden.

Die Blüten der Jungfer im Grünen sollten geerntet werden, wenn sie gerade aufgeblüht sind. Dann halten sie bis zu sechs Tage in der Vase (Bild 9). Die Samenkapseln sind sehr dekorativ und lassen sich in frischen Blumensträußen und in Trockenblumenarrangements verwenden.

9

Kornblume

NAME KORNBLUME
BOT. NAME *CENTAUREA CYANUS*

1

2

HERKUNFT

Als Wildpflanze ist die Kornblume seit Jahrtausenden in Deutschland weit verbreitet und kann als heimisch betrachtet werden. Seit dem 16. Jahrhundert wird sie auch als Gartenblume geschätzt und gezielt angebaut.

BLÜTE UND SAMENSTAND

Die Körbchenblüten der Kornblume sind aus Zungen- und Röhrenblüten zusammengesetzt und können weiß, rosa, rot, blau oder zweifarbig sein. Ihre tollen Farben entfalten die Blüten von Ende Mai bis in den Juli hinein. In einem ballförmigen, spitz zulaufenden Samenstand reifen die Samen der Kornblume heran (Bild 1). In dem die Samen fest umschließenden, silbern schimmernden Samenkörbchen bleiben die Samen lange geschützt. Bei Samenreife ist das Samenkörbchen trocken.

Ist der Samen reif, öffnet sich der Samenstand und gibt die dicht aneinanderliegenden Samen frei (Bild 2).

3

4

MERKMALE DES SAMENKORNS

Die Kornblume hat ganz bemerkenswerte, unverwechselbare Samen. Sie sehen aus wie kleine Tintenfische. Sie sind länglich-oval, meist strohfarben oder beige mit einem silbrigen Schimmer und haben am oberen Ende feine Borsten (Pappus) (Bild 3).

Es kommt vor, dass die Borsten unterschiedlich gefärbt sind. Mal sind sie strohfarben, mal sind sie dunkelbraun, weißlich oder rötlich.

AUSSAAT

Die Kornblume lässt sich sowohl in Direktsaat, im Frühherbst und im zeitigen März, als auch in Aussaatschalen prima anbauen.

Für die Direktsaat die Samen von März bis Mai oder im September in die feuchte Erde säen und mit Erde bedecken. Die Jungpflanzen im Beet brauchen weder über den Winter noch im Frühjahr Schutz vor frühem oder spätem Frost (Bild 4).

Die Aussaat in Gefäßen kann im März beginnen. Auch Aussaaten im Mai sind möglich. Dafür eignen sich Multitopfplatten oder größere Aussaatgefäße. In den einzelnen Zellen der Multitopfplatten können bis zu drei Korn gesät werden. In größeren Gefäßen darf die Kornblume gerne dicht gesät werden. Das spätere Vereinzeln ist unproblematisch.

5

6

KEIMBLÄTTER UND ERSTE LAUBBLÄTTER

Die Keimblätter der Kornblume sind rundlich und wirken im Vergleich mit Keimblättern anderer Arten fleischig. Sie haben eine deutliche Mittelrippe und weniger deutliche, parallel verlaufende Blattadern (Bild 5). Der Blattrand ist ganzrandig.

Die Laubblätter sind dicht behaart. Die Härchen wirken wie Spinnenweben. Der Blattrand ist ein weiteres arttypisches Erkennungsmerkmal: Er ist ganzrandig und nur leicht gezähnt oder gewellt. An den Spitzen der »Sägezähne« oder der »Wellen« sitzt ein dunkler Punkt. Die Laubblätter haben eine ovale bis lanzettliche Form (Bild 6).

7

8

AUSPFLANZEN, STANDORT UND ERNTE

Die als heimische Art zu betrachtenden Korblumen sind pflegeleicht und können als Jungpflanzen bedenkenlos im Herbst oder im Frühjahr ausgepflanzt werden und im Freien überwintern.

Die in Gefäßen vorgezogenen Pflanzen lassen sich bis auf einzelne Pflanzen pikieren und auspflanzen (Bild 7).

Richtig kräftige Pflanzen bringt das Auspflanzen von im Herbst in Gefäßen vorgezogenen Kornblumen oder die Direktsaat im Herbst. Als Pflanzabstand zwischen den Pflanzen reichen 10 cm. Zwischen den Reihen ist ein Abstand von 15 cm ausreichend.

Auch die selbst ausgesäten Pflanzen werden richtig kräftig.

Ganz gleich, wie die Kornblume aufgezogen wurde, darf sie gerne, für noch mehr Blüten, pinziert werden. Hierfür den Haupttrieb von etwa 20 cm großen Pflanzen vor der Ausbildung der ersten Blütenknospe etwa 15 cm über dem Boden kappen (Bild 8).

Die anspruchslosen Kornblumen wachsen auf allen Böden. Der Standort sollte sonnig sein. Nicht pinzierte Pflanzen können bis zu 120 cm groß werden.

Für Frühsommersträuße sind Kornblumen wegen ihrer meist blauen Blütenfarbe ganz wunderbare Farbtupfer. In der Vase halten sie etwa eine Woche. Nach der Ernte bilden sie bis in den Hochsommer immer neue Blüten. Die Blüten lassen sich auch in Haarkränzen verwenden und halten ohne Wasser mehrere Tage (Bild 9).

9

Kornrade

NAME KORNRADE
BOT. NAME *AGROSTEMMA GITHAGO*

HERKUNFT

Die Kornrade ist in ganz Mitteleuropa heimisch. Sie gilt an ihren Naturstandorten in Deutschland und der Schweiz aber als stark gefährdete Art und wird auf den Roten Listen geführt. In Österreich ist sie schon fast überall verschwunden.

BLÜTE UND SAMENSTAND

Die Blüte der Kornrade ist weiß oder lila, selten rosa und als Köpfchen ausgebildet. Sie blüht von Ende Mai bis in den Juli hinein. In der eiförmigen Samenkapsel, die auch ohne Blütenblätter einer Blume ähnelt, reifen viele, dicht beieinanderliegende Samen heran (Bild 1).

An jedem Blütenstiel sitzt meist nur eine Blüte, selten auch zwei. Nach der Blüte bildet sich die geschlossene Kapsel, die sich nach der Reife oben öffnet und die zahlreichen Samen entlässt (Bild 2). Die reifen Kapseln und die Stiele der Kornrade sind sehr stabil und bleiben häufig bis in den Winter im Beet stehen.

1

2

3

MERKMALE DES SAMENKORNS

Die einseitig abgerundeten, spitz zulaufenden Samen der Kornrade sind im reifen Zustand schwarz oder braun. Die matte Oberfläche der Samen ist deutlich strukturiert. In Längsreihen ist sie mit stacheligen Warzen übersät (Bild 3).

Sind die Samen reif, öffnet sich die eiförmige Samenkapsel. Da die Kapselhülle sehr stabil ist, muss diese mechanisch geöffnet werden, um die Samen zu ernten.

4

AUSSAAT

Die Kornrade ist eine robuste einjährige Schnittblume, die auch zweijährig kultiviert werden kann. Das heißt, sie kann entweder im Herbst oder im Frühjahr gesät werden.

Für die Aussaat im Herbst sollte die Direktsaat gewählt werden. Über den Herbst, bis hin zu den ersten Nachtfrösten, wächst die Kornrade zu einer kräftigen Pflanze heran, die ohne weiteren Schutz überwintert (Bild 4).

Die Aussaat im Frühjahr kann ab Ende März bis Mai draußen oder im Coldframe erfolgen. Dafür die Samen in Anzuchtgefäßen samendick mit Erde bedecken. Die Kornrade kann einzeln oder mit bis zu drei Korn in Multitopfplatten (Bild 5) oder zu mehreren Korn in größeren Anzuchtgefäßen ausgesät werden. Auch die Direktsaat ab Ende März und im September funktioniert gut. In schneckenreichen Jahren kann ein Schneckenkragen die Jungpflanzen im zeitigen Frühjahr vor den gefräßigen Tieren schützen.

6

7

8

KEIMBLÄTTER UND ERSTE LAUBBLÄTTER

Die Keimblätter der Kornrade sind länglich-oval, ganzrandig und über und über mit feinen weißlichen Härchen bedeckt (Bild 6).

Die Laubblätter der Kornrade sind schmaler und laufen spitz zu. Sie sind auch deutlich mit weißlichen Haaren übersät (Bild 7). Sie sind ganzrandig.

AUSPFLANZEN, STANDORT UND ERNTE

Wenn die Kornrade direkt gesät wurde, kann sie im Frühjahr einfach vereinzelt werden. Die Jungpflanzen lassen sich problemlos umpflanzen.

Die in Anzuchtgefäßen vorgezogenen Jungpflanzen können ebenfalls vereinzelt werden. Kornraden sind robust und wenig empfindlich.

Der Pflanzabstand der Kornrade kann 10–15 cm betragen. Direktsaaten können auch dichter stehen. Die Pflanzen werden bis zu 90 cm hoch.

Die Kornrade stellt keine besonderen Ansprüche an ihren Standort. Sie liebt Standorte in voller Sonne, wächst aber auch prächtig im Halbschatten. Trockenheit ist für die ausgewachsene Pflanze kein Problem.

Für die Vase sollte die Kornrade halbgeöffnet geschnitten werden. Dann hält sie etwas länger, als wenn sie in voller Blüte geschnitten wird (Bild 8). Insgesamt ist sie mit einer Vasenhaltbarkeit von etwa fünf Tagen eine eher kurzlebige Schnittblume. Nach dem Schnitt bildet sie nur wenige neue Blüten.

Löwenmäulchen

NAME LÖWENMÄULCHEN
BOT. NAME *ANTIRRHINUM MAJUS*

1

2

HERKUNFT

Aus dem westlichen Mittelmeergebiet stammend, verbreitete sich das Löwenmäulchen seit Mitte des 16. Jahrhunderts in den Gärten Deutschlands. Aus der anfangs mit roten Blüten kultivierten Wildform wurden im Laufe der Jahrhunderte zahlreiche Blütenvariationen mit unterschiedlichen Farben und auch gerüschte Sorten entwickelt.

BLÜTE UND SAMENSTAND

An der Sprossachse des Löwenmäulchens sitzen die zahlreichen Blüten in einer Traube. Die Blütenfarbe reicht von Weiß bis Dunkelrot. Es kommen auch zweifarbige oder gerüschte Blüten vor. Ihre Hauptblütezeit haben die Löwenmäulchen von Juli bis Oktober.

Die Samen reifen in ihren Kapseln am Stiel der Pflanze von unten nach oben aus. Während oben noch Blüten blühen, sind die unteren bereits bestäubt und reifen aus.

Die Porenkapsel ist anfangs grün und geschlossen (Bild 1).

Das Löwenmäulchen bildet äußerst interessante Samenkapseln aus, die aussehen wie kleine Gesichter. Im reifen Zustand verfärben sie sich bräunlich, die Poren öffnen sich und das kleine Gesicht entsteht. Sind die Samen ausgereift, fällt eine Vielzahl aus den Poren (Bild 2).

3

4

gen Frühjahr (März) erfolgen. In jedem Fall braucht es viel Geduld mit den kleinen Pflanzen. Löwenmäulchen wachsen über einen längeren Zeitraum nur ganz langsam.

Für die Anzucht im Spätsommer werden die Löwenmäulchen ab September in Anzuchtgefäße gesät. Es eignen sich Multitopfplatten oder größere Gefäße. Wenn die kleinen Pflanzen ihre ersten Laubblattpaare gebildet haben, sollten sie zum Überwintern vereinzelt werden (Bild 4). Dafür können zum Beispiel Staudentöpfe mit jeweils fünf kleinen Pflanzen bepflanzt werden.

Wenn die Löwenmäulchen im Frühjahr gesät werden sollen, können sie ebenfalls in Multitopfplatten oder größere Gefäße gesät werden. Das Vereinzeln kann entweder mit dem Auspflanzen verbunden werden oder bei in Multitopfplatten gesäten Löwenmäulchen mit dem Umpflanzen in größere Gefäße erfolgen.

Zur Aussaat die Löwenmäulchensamen nicht mit Erde bedecken und darauf achten, dass die Erde nicht austrocknet.

MERKMALE DES SAMENKORNS

Die Samen des Löwenmäulchens sind winzig. Die dunkelgrauen bis schwarzen Samen sind rundlich und haben eine netzartige Oberfläche (Bild 3). Da sie sehr klein sind, ist dies kaum mit bloßem Auge zu erkennen.

AUSSAAT

Die Aussaat der Löwenmäulchen kann entweder im Spätsommer oder im zeiti-

KEIMBLÄTTER UND ERSTE LAUBBLÄTTER

Nicht nur die Samen des Löwenmäulchens sind winzig. Die kleinen Keimblätter sind es auch (Bild 5). Die mehr oder weniger herz- bis nierenförmigen, ganzrandigen Keimblätter sind seitlich behaart.

Die Laubblätter des Löwenmäulchens unterscheiden sich nur wenig von den Keimblättern (Bild 6). Sie sind etwas weniger herzförmig bis eiförmig, kurz gestielt, ganzrandig und ebenfalls behaart.

5

6

7

9

AUSPFLANZEN, STANDORT UND ERNTE

Die Jungpflanzen des Löwenmäulchens können, egal wann sie gesät wurden, bereits im zeitigen Frühjahr ausgepflanzt werden. Sie vertragen Nachtfröste gut und brauchen keinen Schutz (Bild 7).

Die Jungpflanzen können in einem Abstand von 15–20 cm zueinander und in der Reihe gepflanzt werden. Um möglichst viele Stiele von einer Pflanze zu ernten, können die Jungpflanzen pinziert werden. Dafür wird der Leittrieb oberhalb eines Blattpaares entfernt (Bild 8), sobald die Pflanze sechs Laubblattpaare ausgebildet hat.

Löwenmäulchen können bis zu 60 cm hoch werden.

An den Boden stellen die Löwenmäulchen keine besonderen Ansprüche. Der Standort sollte sonnig bis halbschattig sein. Um einem Mehltau- und Blattrostbefall der Blätter vorzubeugen, sollten die Pflanzen immer gut abtrocknen können. Der Blattrost ist auch der Grund dafür, dass Löwenmäulchen, wenn sie in Monokulturen oder mindestens parzellenweise angebaut werden, nicht wieder an denselben Standort wie im Vorjahr gepflanzt werden sollten. Blattrost ist ein Pilz, der im Boden überdauern kann. Eine Reinfektion im Folgejahr kann nicht ausgeschlossen werden, wenn der Standort für die Löwenmäulchenkultur nicht gewechselt wird.

Löwenmäulchen halten bis zu sieben Tage in der Vase, wenn sie zum richtigen Zeitpunkt geerntet werden. Der ideale Zeitpunkt für die Ernte ist, wenn sich von unten her etwa ein Drittel der Blüten an einem Stiel geöffnet hat (Bild 9).

8

Ringelblume

NAME RINGELBLUME
BOT. NAME *CALENDULA OFFICINALIS*

1

2

HERKUNFT

Seit Jahrhunderten wird die Ringelblume nicht nur als Heilpflanze kultiviert. Auch die Gärten werden mit ihren leuchtenden Blüten geschmückt. Seit Mitte des 19. Jahrhunderts werden immer wieder neue Sorten entwickelt, die in einem weiten Blütenfarbspektrum in den Farben Hellgelb bis Dunkelorange changieren.

BLÜTE UND SAMENSTAND

Die Ringelblume ist ein Korbblütler. Die Blüten sind aus Zungen- und Röhrenblüten zusammengesetzt. Ihre Blütenblätter können in hellgelben bis quietschorangenen oder roten Farben von Juli bis in den Oktober hinein erscheinen. Die Samen der Ringelblume sind Schließfrüchte mit ganz besonderen Formen. Jede Frucht enthält einen Samen. Die gekrümmten Samen reifen an der Blüte kreisförmig angeordnet aus. Anfangs sind sie hellgrün (Bild 1).

Später verfärben sie sich bräunlich und bleiben am Blütenboden haften. Bei einer leichten Berührung fallen sie herab (Bild 2).

3

4

MERKMALE DES SAMENKORNS

Die reifen Früchte der Ringelblumen haben unterschiedliche Größen und Formen. Sie sind gekrümmt, teilweise abgeflacht, von beige bis dunkelgrau gefärbt und auf der gekrümmten Seite stachelig (Bild 3).

Entgegen der Annahme, dass nicht alle Früchte einen Samen enthalten, findet sich in jeder Frucht ein beigefarbener bis silbrig grauer Samen (Bild 4).

AUSSAAT

Die Ringelblume kann ab Ende März bis Mai draußen oder im Coldframe ausgesät werden. Auch spätere Aussaaten bis Juni blühen noch im Aussaatjahr. Die Samen etwa 1 cm hoch mit Erde bedecken und feucht halten. Sowohl die Aussaat in Multitopfplatten als auch die Aussaat in größeren Gefäßen ist möglich.

Auch die Direktsaat funktioniert gut. Mit der Direktsaat kann ab Mitte April begonnen werden. Die Aussaat unbedingt vor Schnecken schützen.

KEIMBLÄTTER UND ERSTE LAUBBLÄTTER

Die Keimblätter der Ringelblume haben ein kleines besonderes Merkmal: An der Blattspitze sitzt häufig ein dunkler Punkt. Sie sind länglich-oval, ganzrandig und laufen teilweise spitz zu (Bild 5).

Die Laubblätter der Ringelblume sind ganzrandig, kurz bis gar nicht gestielt und breit lanzettförmig (Bild 6).

5

6

AUSPFLANZEN, STANDORT UND ERNTE

Wenn die Ringelblumen vorgezogen wurden, können sie ab April ausgepflanzt werden. Die Jungpflanzen vertragen leichte Fröste und benötigen zu dieser Jahreszeit keinen Schutz vor Frost.

Der Abstand zwischen den Pflanzen kann 20 cm betragen. Auch die Reihen können in einem Abstand von 20 cm gewählt werden. Ringelblumen wachsen buschig und benötigen durch ihren breiten Wuchs etwas Platz (Bild 7). Mit diesem Abstand können die Blätter schneller abtrocknen, was einen Befall mit Mehltau verhindern kann. Durch Pinzieren kann die Verzweigung gefördert werden (Bild 8).

7

8

Direktsaaten können durch Umpflanzen vereinzelt werden.

Ringelblumen fühlen sich an allen sonnigen bis halbschattigen Standorten wohl. Sie haben an den Boden, in dem sie wachsen, keine besonderen Ansprüche. Wenn sie sich wohlfühlen, werden sie bis zu 50 cm hoch.

Für die Vase eignen sich Ringelblumen, wenn kleinere Dekorationen oder Sträuße geplant sind (Bild 9). Da die Ringelblume von Natur aus buschig und verzweigt wächst, sind die Stiele meist kurz. Wenn reichlich geerntet und Verblühtes ausgeputzt wird, bildet die Ringelblume bis zum Frost immer wieder neue Blüten.

9

Rudbeckia

NAME RUDBECKIA, SONNENHUT
BOT. NAME *RUDBECKIA HIRTA*

1

HERKUNFT

Ende des 17. Jahrhunderts wurde Rudbeckia, die ursprünglich aus dem westlichen Nordamerika stammt, nach England gebracht. Von dort gelangte sie Mitte des 18. Jahrhunderts in die botanischen Gärten in Deutschland. Ende des 19. Jahrhunderts wurde sie dann auch zunehmend in Privatgärten angebaut.

BLÜTE UND SAMENSTAND

Bei den Blüten der Rudbeckia handelt es sich um Körbchen. Es sind Zungen- und Röhrenblüten vorhanden. Die Blütenblätter erscheinen in Gelb-, Rot- und Brauntönen, teilweise auch zweifarbig von Juli bis November. Oft bleiben die Blütenköpfe den gesamten Winter erhalten (Bild 1). Die Samen der Rudbeckia reifen vollkommen versteckt im kugelig aufgestülpten Blütenboden der Pflanze heran (Bild 2). Die röhrenförmigen Samen bleiben bis zur vollständigen Reife gut geschützt. Erst wenn der Samen ausgereift und der Samenstand vollkommen ausgetrocknet ist, zerfällt der kugelige Blütenkopf bei Berührung und gibt eine Vielzahl an Samen preis.

2

3

4

AUSSAAT

Rudbeckia kann ab Ende März im Coldframe bis Anfang April draußen in Aussaatgefäßen ausgesät werden.

Die Samen auf die feuchte Anzuchterde säen und nicht mit Erde bedecken. Die Oberfläche der Aussaaterde darf bis zur Keimung nicht austrocknen. Darauf reagiert Rudbeckia empfindlich. Am besten keimen sie unter einer Haube, zum Beispiel in einem Minigewächshaus.

In Multitopfplatten können die Rudbeckia einzeln oder zu zwei Korn gesät werden. In größeren Anzuchtgefäßen können auch bis zu fünf Samen ausgesät werden.

MERKMALE DES SAMENKORNS

Die Samen der Rudbeckia sind Schließfrüchte. Sie sind röhrenförmig und gräulich schwarz (Bild 3).

Die Oberfläche der Samen ist matt und leicht längs gerillt. Eine Verwechselung mit den Samen der Strohblume ist möglich, wenn diesen der Pappus fehlt (siehe Porträt »Strohblume«).

KEIMBLÄTTER UND ERSTE LAUBBLÄTTER

Die Keimblätter der Rudbeckia sind nahezu rund, recht klein, ganzrandig und kurz gestielt. Durch diese Form sind sie unverwechselbar (Bild 4).

Spätestens aber, wenn das erste Laubblatt erscheint, wird die Unverwechselbarkeit der Rudbeckia mit anderen Schnittblumen deutlich. Das Laubblatt hat eine deutliche Mittelrippe und ist ober- und unterseitig auffällig behaart (Bild 5). Es ist ganzrandig, breit eiförmig und kurz gestielt.

5

6

9

7

8

AUSPFLANZEN, STANDORT UND ERNTE

Die Rudbeckia können bereits Anfang Mai ausgepflanzt werden. Sie vertragen leichte Nachtfröste. Beim Auspflanzen können die Rudbeckia noch recht klein sein und erst ein Laubblattpaar gebildet haben (Bild 6).

Die Jungpflanzen sind sehr robust und können problemlos vereinzelt werden. Ohne Schneckenschutz sollten sie jedoch nicht ausgepflanzt werden. Schnecken lieben die frischen Austriebe der Rudbeckia. Später, wenn die Pflanzen ausgewachsen sind, lassen die Schnecken sie in Frieden, da sie die stark behaarten Blätter nicht mögen.

Die zunächst so winzigen Rudbeckia-Pflanzen werden sehr groß, bilden viele Blätter und brauchen entsprechend viel Platz im Beet. Sie sollten auf bis zu zwei Pflanzen vereinzelt und mit einem Abstand von 20–30 cm zueinander und in der Reihe gepflanzt werden. Rudbeckia erreichen eine Höhe von etwa 60 cm (Bild 7).

Rudbeckia benötigen keinen besonderen Boden, um gut zu gedeihen. In der vollen Sonne fühlen sie sich am wohlsten. Trockenheit vertragen sie als ausgewachsene Pflanzen sehr gut.

In der Vase sind Rudbeckia nicht lange haltbar. Der beste Zeitpunkt zur Ernte ist, wenn sich die Blüte gerade erst geöffnet hat. Um die Vasenhaltbarkeit zu verlängern, kann der Stiel direkt nach dem Anschneiden für zehn Sekunden in etwa 80 °C heißes Wasser gehalten werden. Dies lässt die Luft aus dem Stiel entweichen, was zu einer besseren Wasserversorgung der Blüte führt (Bild 8). Rudbeckia halten sich etwa fünf Tage in der Vase (Bild 9).

Strohblume

NAME STROHBLUME
BOT. NAME *HELICHRYSUM BRACTEATUM*

1

HERKUNFT

Ende des 18. Jahrhunderts kam die Strohblume aus Australien nach Europa. Anfang des 19. Jahrhunderts wurde sie zahlreich in den deutschen botanischen Gärten kultiviert. Von dort fand die zunächst nur in gelber Blüte bekannte Strohblume Einzug in die Gärten der Bevölkerung. Ab Mitte des 19. Jahrhunderts kamen nach Kreuzungen der Art H. *bracteatum* mit anderen Arten (H. *macranthum* und H. *niveum*) neue Farben auf den Markt. Seither ist sie eine der beliebtesten Trockenblumen.

BLÜTE UND SAMENSTAND

Die Blüte der Strohblume wird von bunten Hüllblättern eingefasst. Die Farbe der Hüllblätter kann von Weiß bis Dunkelrot variieren. Sie fühlen sich strohig und trocken an.

Die Hüllblätter schließen sich zum Abend oder bei feuchter Witterung. Sobald sie trocken sind und die Temperaturen steigen, öffnen sie sich wieder.

Die Röhrenblüten sind mittig in einem Kelch angeordnet und gelb (Bild 1). Zungenblüten fehlen.

Sobald die Samen reif und die Hüllblätter bei trockener Witterung geöffnet sind, werden die Samen aus dem Blütenstand entlassen (Bild 2).

2

3

MERKMALE DES SAMENKORNS

Die Samen der Strohblume sind länglich bis röhrenförmig und braun. Die Oberfläche der Samen ist matt. Unverkennbar ist der Pappus, der der Verbreitung der Samen durch Wind dient (Bild 3). Er kann als eindeutiges Unterscheidungsmerkmal bei der Bestimmung des Samens verwendet werden. Bei gekauften Samen ist der Pappus meist nicht mehr vorhanden. Ohne Pappus lassen sich die Samen der Strohblume mit denen der Rudbeckia verwechseln (siehe Porträt »Rudbeckia«).

AUSSAAT

Die Strohblume lässt sich ab Mitte April in einem Coldframe in Anzuchtschalen aussäen. Dafür die Samen nur auf die Anzuchterde säen, ohne sie zu bedecken. Die Strohblume ist ein Lichtkeimer. Die Aussaat unbedingt feucht halten. Nach der Keimung von unten wässern.

Eine Direktsaat der Strohblume ist meist nicht sehr erfolgreich.

KEIMBLÄTTER UND ERSTE LAUBBLÄTTER

Die Keimblätter der Strohblume sind recht klein. Sie sind eiförmig bis oval und an der Spitze leicht zugespitzt. Die Keimblätter sind breit gestielt und ganzrandig. Bei genauerem Hinsehen lassen sich Drüsenhaare erkennen, die oberseitig und am Rand des Blattes liegen.

Die Laubblätter der Strohblume sind breit lanzettlich und weniger eiförmig oder oval. Sie sind breit und kurz gestielt. Die Laubblätter sind ganzrandig und haben eine ausgeprägte Mittelrippe. Auch auf den Laubblättern finden sich Drüsenhaare, die mit bloßem Auge erkennbar sind.

4

5

8

6

7

AUSPFLANZEN, STANDORT UND ERNTE

Die Jungpflanzen aus den Anzuchtschalen lassen sich beim Auspflanzen, sobald sie sechs bis acht Blattpaare gebildet haben, leicht vereinzeln. Sie machen zunächst einen zerbrechlichen Eindruck, sind aber sehr robust. Da die Strohblume frostempfindlich ist, sollte sie unbedingt erst nach den Eisheiligen ausgepflanzt werden. Die Jungpflanzen wachsen an einem sonnigen Standort schnell zu großen Pflanzen heran. Der Pflanzabstand zwischen den Pflanzen und auch zwischen den Reihen kann etwa 15 cm betragen. Strohblumen werden gerne von Schnecken gefressen, deswegen empfiehlt sich ein Schneckenschutz (Bild 6).

Sind die Pflanzen 15 cm groß, können sie pinziert werden.

Die meist wenig verzweigten Pflanzen können bis zu 100 cm hoch werden. Häufig werden mehrere Blüten am Ende eines Triebes gebildet (Bild 7).

Nach der ersten Ernte bildet die Strohblume neue Blütenstiele aus. Als leuchtende Farbklekse zieren sie die Beete bis zum ersten Frost.

Strohblumen eignen sich sowohl für frische Blumensträuße als auch für Trockenblumenarrangements und Blumenschmuck (Bild 8). In der Vase halten sie mehr als sieben Tage. Die Blüten können für frische Sträuße geöffnet geerntet werden. Wenn die Blüten als Trockenblume verarbeitet werden sollen, sollte die Blüte noch nicht ganz geöffnet geschnitten werden. Die Blüte öffnet sich während der Trocknung. Vor direktem Sonnenlicht geschützt behalten die Blüten lange Zeit ihre leuchtenden Farben.

Tagetes

NAME TAGETES, STUDENTENBLUME
BOT. NAME *TAGETES ERECTA, T. PATULA, T. TENUIFOLIA*

1

HERKUNFT

Als eine der ersten Blumen aus der Neuen Welt wurde die Tagetes Mitte des 16. Jahrhunderts aus Mexiko nach Europa gebracht. Ihre strahlenden Blüten fanden schnell Bewunderer, sodass sie sich bald in Ziergärten etablierte. Ab Mitte des 19. Jahrhunderts waren die drei Arten *Tagetes erecta, T. patula, T. tenuifolia* bekannt und es begann die Züchtung neuer, auch gefüllter Sorten, die teilweise bis heute unverändert angebaut werden.

BLÜTE UND SAMENSTAND

Die knallig gelben, roten, orangen oder auch cremeweißen Blüten der Tagetes sind in Körbchen angeordnet. Die verschiedenen Sorten und Arten können sehr unterschiedliche Blütenformen (groß, klein, gefüllt oder ungefüllt) haben. Die Hauptblütezeit fällt in den Juli und reicht bis in den November. Zunächst ist das Körbchen grün, färbt sich aber während der Reife hellbraun und trocknet aus (Bild 1). In dem Körbchen sitzen zahlreiche schmale Samen.

2

MERKMALE DES SAMENKORNS

Die Samen der Tagetes sind Schließfrüchte, die in länglichen Körbchen heranreifen. Die Samen sind durch ihre Form unverwechselbar. Die reifen Samen sind schwarz, lang und schmal und haben am oberen Ende ein helles Fähnchen (Pappus). Die Samen sind biegsam (Bild 2). Die Oberfläche der Samen ist glatt.

AUSSAAT

Die Aussaat der Tagetes kann im Coldframe oder draußen an einer geschützten Stelle am Haus ab Mitte April erfolgen. Eine Direktsaat ab Anfang Mai ist auch möglich.

Die Samen nur dünn mit Erde abdecken und feucht halten.

Tagetes keimen schnell. Die Jungpflanzen sind sehr frostempfindlich, weswegen mit der Anzucht nicht vor Mitte April begonnen werden sollte.

KEIMBLÄTTER UND ERSTE LAUBBLÄTTER

Die Keimblätter der Tagetes sind länglich-oval und ganzrandig. Bei einigen Sorten fallen beim genauen Hinsehen dunkle Punkte auf der Ober- und Unterseite am Blattrand auf (Bild 3). Meist haben sie eine ausgeprägte Mittelrippe, die erst später sichtbar wird.

Bis zum Erscheinen der Laubblätter kann die Tagetes mit der Cosmea verwechselt werden (siehe Porträt »Cosmea«).

Die Laubblätter machen eine sichere Erkennung möglich. Sie sind tief oder unregelmäßig gesägt und kurz gestielt (Bild 4). Die Blattform ist oval bis eiförmig.

3

4

5

6

7

AUSPFLANZEN, STANDORT UND ERNTE

Die Tagetes können ab Mitte Mai ausgepflanzt werden. Sie wachsen schnell und benötigen, je nach Sorte, unterschiedlich viel Platz. Buschige und niedrige Sorten sollten in einem Abstand von 30 cm zueinander und in der Reihe gepflanzt werden (Bild 5). Hohe Sorten können etwas enger gesetzt werden. Dicht gesäte Pflanzen können problemlos vereinzelt werden. Das Umpflanzen macht der Tagetes nichts aus.

Pinzieren fördert die Verzweigung und bringt mehr Blüten pro Pflanze hervor (Bild 6).

Manchmal wird die Tagetes als »Opferpflanze« für Schnecken gepflanzt. Sie soll die hungrigen Tierchen von anderen Pflanzen weglocken. Wenn sie zur Ernte gepflanzt wird, sollte sie mit einem Schneckenschutz versehen werden.

Tagetes dürfen gerne in der vollen Sonne stehen. Sie kommen mit Trockenheit gut zurecht und erholen sich nach Durststrecken schnell. Zu nasse und schattige Standorte sollten vermieden werden.

Als geerntete Blume halten Tagetes sehr lange, sogar ohne Wasser. Die Blüten können in Blumenkränzen oder Girlanden genutzt werden. In der Vase halten sie sich bis zu zehn Tage (Bild 7).

Wilde Möhre

NAME WILDE MÖHRE
BOT. NAME *DAUCUS CAROTA* SUBSP. *CAROTA*

HERKUNFT

In Mitteleuropa ist die Wilde Möhre (*Daucus carota*) heimisch. Die Unterart *Daucus carota* subsp. *carota* ist vermutlich aus einer Kreuzung mit anderen Arten der Gattung *Daucus* entstanden. Diese Kreuzung hielt dann als Zierpflanze Einzug in die Gärten Europas.

BLÜTE UND SAMENSTAND

Die Blüte der Wilden Möhre ist in einer Doppeldolde angeordnet. Die kleinen Einzelblüten sind Weiß oder variieren in Rottönen.

Die scheibenförmige Dolde ist erst flach und wölbt sich nach der Blüte während der Samenreife nach innen (Bild 1). Die grünen Nester verfärben sich bräunlich. Von der Nestform geschützt, reifen die kleinen Schließfrüchte heran (Bild 2).

In dem zusammengerollten Nest bleiben die Samen über den Winter häufig an der Pflanze erhalten (Bild 3). Dann dienen die Samen als Futter für Kleintiere und das Nest als Versteck für Insekten.

1

2

3

4

5

MERKMALE DES SAMENKORNS

Die eiförmigen Samen der Wilden Möhre sind mit zahlreichen Härchen bedeckt, die als Widerhaken fungieren. Sie haften im Fell vorbeistreifender Tiere und werden so zu ihrem neuen Standort getragen.

Die Samen der Wilden Möhre haben eine flache ovale Form, an der seitlich und oberseitig die Widerhaken gut erkennbar sind. Sie haben eine hellbraune bis beige Farbe (Bild 4).

AUSSAAT

Die Aussaat der Wilden Möhre kann einjährig, mit einer Aussaat im zeitigen März, oder zweijährig, mit Aussaat im September, erfolgen. In beiden Fällen ist eine Direktsaat vielversprechend.

Auch die Aussaat in Anzuchtgefäßen zu den genannten Zeiträumen ist möglich. Hierfür möglichst hohe Gefäße wählen, denn die Wilde Möhre bildet eine Pfahlwurzel aus. Die Samen nur leicht mit Erde bedecken.

Als Direktsaat oder als Aussaat in einem Gefäß können die Jungpflanzen, wenn sie im Frühherbst gesät wurden, ohne weiteren Schutz überwintern (Bild 5).

KEIMBLÄTTER UND ERSTE LAUBBLÄTTER

Die Wilde Möhre bildet auffällig lange, schmale, sich zur Blattbasis verschmälernde Keimblätter aus. Die nach oben strebenden Keimblätter sind ganzrandig. Die Blattspitze läuft in einer abgerundeten Spitze aus (Bild 6).

Bei der Wilden Möhre erscheint zunächst nur ein ganzrandiges, rundlich-oval bis herzförmiges Laubblatt, das tief handförmig geteilt ist. Das Blatt sitzt an einem langen Blattstiel (Bild 7). Die Jungpflanzen können leicht mit denen der Jungfer im Grünen verwechselt werden (siehe Porträt »Jungfer im Grünen«).

6

7

AUSPFLANZEN, STANDORT UND ERNTE

Wurde die Wilde Möhre vorgezogen, kann sie bereits im Spätherbst ausgepflanzt werden. Bei der Anzucht im Frühjahr können die Jungpflanzen zeitig raus ins Beet. Die Jungpflanzen können in einem Abstand von 15–20 cm zueinander und in der Reihe von 20 cm gepflanzt werden.

Wenn die Wilde Möhre direkt gesät wurde, kann sie im Frühjahr vereinzelt und umgepflanzt werden. Dabei die Pflanzen möglichst tief ausgraben, damit die lange Pfahlwurzel nicht kaputtgeht (Bild 8).

Fühlt sich die Wilde Möhre wohl, kann sie bis zu 150 cm hoch werden.

8

9

An ihren Boden stellt die Wilde Möhre keine besonderen Ansprüche. An ihrem natürlichen Standort wächst sie gerne in voller Sonne, kann aber auch im Halbschatten gut gedeihen.

Für Blumensträuße können die großen voll aufgeblühten Dolden geerntet werden. Eine Besonderheit der Dolden ist das Scheininsekt, was in der Mitte der voll erblühten Blüten zu finden ist (Bild 9). Das Scheininsekt ist eine einzelne, dunkel gefärbte Blüte. Sie dient als Lockmittel für Insekten. Auch die verblühten, sich einrollenden Blütenstände sind sehr dekorativ für Sommerblumensträuße (Bild 10).

10

Zinnie

NAME ZINNIE
BOT. NAME *ZINNIA ELEGANS, Z. HAAGEANA, Z. ANGUSTIFOLIA*

1

2

HERKUNFT

Die Zinnie kam aus Mittelamerika Ende des 18. Jahrhunderts nach Europa. In Deutschland wurde sie zunächst in wenigen Farben kultiviert. Durch ihre einfache Vermehrbarkeit über Samen und Kreuzungen verschiedener Arten entstanden schnell neue Sorten. Heute gibt es unzählige gefüllte und ungefüllte, hohe und niedrige Sorten. Am häufigsten wird *Zinnia elegans* kultiviert.

BLÜTE UND SAMENSTAND

Die Blüten der Zinnien können in vielen Farbvarianten von Weiß über Gelb, Orange, Rot bis Pink und sogar in Lila erscheinen. Es gibt auch zweifarbige Sorten. Die Hauptblütezeit der Zinnien beginnt im Juli und reicht bis weit in den Oktober hinein. Ist die Blüte ungefüllt, wölbt sich der Samenstand auffällig vor (Bild 1). Die Samen gehen aus den Röhren- oder den Zungenblüten hervor.

MERKMALE DES SAMENKORNS

Die Samen der Zinnie können unterschiedliche Größen haben. Die Größe variiert zwischen den Sorten und Arten und auch innerhalb einer Blüte. Die Samen aus den Röhrenblüten unterscheiden sich meist von denen aus den Zungenblüten. Ein einfaches Unterscheidungsmerkmal ist das an den Samen haftende Blütenblatt, das bei den Samen aus Zungenblüten erhalten bleibt (Bild 2).

Die dunkelgrauen bis schwarzen Fruchthüllen der Schließfrüchte sind flach und bei den Samen aus Zungenblüten mit einer deutlichen Mittelrippe versehen. Die Form erinnert an eine Pfeilspitze. Sie ähneln, ohne das anhängende Blütenblatt, denen der Dahlie (siehe Porträt »Dahlie«). Die Oberfläche der Samen ist matt und rau (Bild 3).

Der eigentliche Samen ist flach und bräunlich, teilweise ist auch die Mittelrippe ausgeprägt.

3

4

AUSSAAT

Die Zinnie ist eine sehr frostempfindliche einjährige Schnittblume. In Aussaatgefäßen im Coldframe können Zinnien ab Mitte April ausgesät werden. Notfalls kann der Coldframe mit einem Frostwächter frostfrei gehalten werden.

Die ungeschützte Aussaat draußen kann ab Anfang Mai beginnen. Als Aussaatgefäße eignen sich sowohl Multitopfplatten (Bild 4) als auch größere Gefäße. Die Samen leicht mit Erde bedecken und feucht halten.

Da Zinnien etwas empfindlich auf das Pikieren reagieren und ungern wurzelnackt verpflanzt werden wollen, sollten sie in kleinen Gefäßen zu einem Korn, in größeren Gefäßen, wie einem Staudentopf, mit möglichst großem Abstand von bis zu vier Korn gesät werden.

Zinnien eignen sich bestens für die Direktsaat. Hierfür ab Anfang Mai die Samen zu zwei Korn direkt ins Beet säen und feucht halten. Die Aussaaten sollten unbedingt schneckenfrei gehalten werden. Schnecken lieben Zinnien.

KEIMBLÄTTER UND ERSTE LAUBBLÄTTER

Die Keimblätter der Zinnie sind ganzrandig, rundlich, haben eine erkennbare Mittelrippe, sind an der Blattspitze eingekerbt und kurz gestielt (Bild 5). Sind noch keine Laubblätter vorhanden, können Zinnien und Einjährige Skabiosen leicht verwechselt werden (siehe Porträt »Einjährige Skabiose«).

Die Laubblätter der Zinnie sind schmal eiförmig, ganzrandig, mit feinen Blattadern durchzogen und seitlich behaart. Sie sitzen an der Sprossachse ohne Stiel (Bild 6).

5

6

7

AUSPFLANZEN, STANDORT UND ERNTE

Die frostempfindlichen Zinnien sollten erst nach den Eisheiligen ohne Schutz ausgepflanzt werden. Beim Auspflanzen sollte vermieden werden, die Jungpflanzen zu vereinzeln. Zinnien mögen es nicht, wenn ihre Wurzeln gestört werden. Wenn viele Schnecken erwartet werden, sollte auf einen Schutz vor den gefräßigen Tierchen nicht verzichtet werden (Bild 7).

Die Jungpflanzen können in einem Abstand von 15–20 cm zueinander und in der Reihe gepflanzt werden. Für eine höhere Produktivität können die Jungpflanzen pinziert werden. Dafür wird der Haupttrieb oberhalb eines Blattpaares entfernt (Bild 8). Zinnien werden, je nach Art, bis zu 100 cm hoch.

8

Zinnien mögen sonnige Standorte, die nicht zu feucht sein sollten. Nach längeren Trockenzeiten kann sich die Pflanze wieder gut erholen.

In der Vasenhaltbarkeit sind Zinnien fast unschlagbar. Zum richtigen Zeitpunkt geerntet, halten sie bis zu zwei Wochen in der Vase (Bild 9). Der richtige Zeitpunkt zur Ernte lässt sich durch den »Wackeltest« herausfinden. Dafür den Stiel am unteren Drittel umfassen und daran wackeln. Wackelt der Stiel unterhalb der Blüte, ist die Blüte noch nicht erntereif. Erntereif ist sie, wenn der Stiel steif ist und nicht wackelt. Zinnien gehören zu den Schnittblumen, die bei regelmäßiger Ernte bis zum Frost immer neue Blüten bilden.

9

7

Praxistipps

Die Samen im Vergleich

Nicht immer sind alle Samen sortiert und Samentütchen und Aufbewahrungsgefäße gut beschriftet. Doch beim Vergleich der Samen werden die Unterschiede deutlich und die Samen der Arten können bestimmt werden.

Buntschopfsalbei

Chinesisches Vergissmeinnicht

Cosmea

Dahlie

Duftwicke

Einjähriger Rittersporn

Einjährige Skabiose

Jungfer im Grünen

Kornblume

Kornrade

Löwenmäulchen

Ringelblume

Rudbeckia

Strohblume

Tagetes

Wilde Möhre

Zinnie

Die Jungpflanzen im Vergleich

Besonders bei Direktsaaten und bei verloren gegangenen Beschriftungen von Aussaatgefäßen ist es hilfreich, die Jungpflanzen zu erkennen. Beim Bestimmen hilft es, auf die Ausbildung der ersten Laubblätter zu warten.

Buntschopfsalbei

Chinesisches Vergissmeinnicht

Cosmea

Dahlie

Duftwicke

Einjähriger Rittersporn

Einjährige Skabiose

Jungfer im Grünen

Kornblume

Kornrade

Löwenmäulchen

Ringelblume

Rudbeckia

Strohblume

Tagetes

Wilde Möhre

Zinnie

Aussaat- und Blühkalender

Der Aussaatkalender dient der Orientierung und kann bei der Erstellung eines Aussaatplans helfen. Je nachdem, wo die Aussaaten gemacht und die Blumen gepflanzt werden, sollten die Aussaatempfehlungen angepasst werden. Auch die Angaben zum Blühzeitraum sind als grobe, sich mit den klimatischen Standorten ändernde Intervalle zu verstehen.

- in Gefäß
- Direktsaat
- beides möglich
- Blüte
- letzte Blüten

NAME	BOTANISCHER NAME	MÄR	APR	MAI	JUN	JUL	AUG	SEP	OKT	NOV
Buntschopfsalbei	*Salvia viridis*	in Gefäß	Direktsaat	Direktsaat		Blüte	Blüte	Blüte	Blüte	letzte Blüten
Chinesisches Vergissmeinnicht	*Cyloglossum amabile*		in Gefäß	Direktsaat		Blüte	Blüte	Blüte		
Cosmea	*Cosmos bipinnatus*		in Gefäß	Direktsaat			Blüte	Blüte	Blüte	letzte Blüten
Dahlie	*Dahlia spec.*			in Gefäß			Blüte	Blüte	Blüte	letzte Blüten
Duftwicke	*Lathyrus odoratus*	in Gefäß			Blüte	Blüte	Blüte			
Einjähriger Rittersporn	*Consolida ajacis*	beides möglich				Blüte	Blüte	Direktsaat	Direktsaat	
Einjährige Skabiose	*Sixalix atropurpurea*	in Gefäß	in Gefäß	Direktsaat		Blüte	Blüte	Blüte	Blüte	letzte Blüten
Jungfer im Grünen	*Nigella damascena*	beides möglich	beides möglich	Direktsaat	Blüte	Blüte	Blüte	Direktsaat		
Kornblume	*Centaurea cyanus*	beides möglich	beides möglich	beides möglich	Blüte	Blüte		Direktsaat		
Kornrade	*Agrostemma githago*	beides möglich	beides möglich	Blüte	Blüte	Blüte		Direktsaat		
Löwenmäulchen	*Antirrhinum majus*	in Gefäß				Blüte	Blüte	Blüte	Blüte	
Ringelblume	*Calendula officinalis*	beides möglich	beides möglich	beides möglich		Blüte	Blüte	Blüte	Blüte	
Rudbeckia	*Rudbeckia hirta*	in Gefäß	in Gefäß				Blüte	Blüte	Blüte	
Tagetes	*Tagetes-Arten*		in Gefäß	beides möglich		Blüte	Blüte	Blüte	Blüte	
Strohblume	*Helichrysum bracteatum*		in Gefäß			Blüte	Blüte	Blüte	Blüte	
Wilde Möhre	*Daucus carota subsp. carota*	beides möglich			Blüte	Blüte	Blüte	beides möglich		
Zinnie	*Zinnia-Arten*		in Gefäß	Direktsaat		Blüte	Blüte	Blüte	Blüte	letzte Blüten

Beispiel für einen Aussaatplan

Ein Aussaatplan ist ein wirkungsvolles Instrument, um möglichst entspannt in die Blumensaison zu starten. Der auf der linken Seite dargestellte Aussaat- und Blühkalender kann für die Erstellung eines Planes herangezogen werden.

Dabei sollte beachtet werden, dass sich beispielsweise die Zeiträume für die letzten Nachtfröste schon sehr kleinräumig unterscheiden können. Die Beobachtungen im eigenen Garten oder Blumenfeld sind bei der Planung wichtiger als die Aussaatpläne, die andere an anderen Orten der Welt für sich entwickelt haben.

Die Entwicklung eines Aussaatplans ist von den Eigenschaften der ausgewählten Schnittblumenarten abhängig. Bei dem folgenden Beispiel für einen Aussaatplan werden alle in diesem Buch beschriebenen Blumen berücksichtigt. Mit dieser Auswahl lässt sich bereits ein lange blühendes, buntes Sortiment kultivieren, das auch mit dem Fokus auf die Vermehrung der Schnittblumenarten gut funktioniert.

Der folgende Plan startet zwar nicht im Frühjahr, sondern im September, kann aber auch problemlos im März begonnen werden. Alle Arten, die laut Plan im September gesät werden, lassen sich auch wie beschrieben im März ausäen. Für eine entspannte Saison kann es ratsam sein, möglichst viele Aussaaten in den Herbst zu verlegen. Hier gibt es auf dem Blumenfeld und in den Schnittblumenbeeten gerade nichts anderes zu tun, als zu ernten; es ist die beste Zeit, die Aussaaten zu starten. Herbstaussaaten schaffen Platz, um im Frühjahr die frostempfindlichen Arten auszusäen. Durch das Aufteilen der Aussaatzeitpunkte wird es einfacher, den Überblick zu behalten. Zudem haben Herbstaussaaten häufig einen großen Vorsprung gegenüber Frühjahrssaaten.

Ein Aussaatplan hilft dabei, ein buntes Sortiment an Schnittblumen zu kultivieren.

Einige Schnittblumenarten lassen sich sehr gut im zeitigen Frühjahr säen. Wie diese Einjährige Skabiose.

Wenn möglich, sollte auf die Direktsaat gesetzt werden. Diese Einjährige Skabiose ist im Frühsommer bereits gut gewachsen.

Die Septembersaaten können zum großen Teil als Direktsaaten erfolgen, mit Ausnahme der Aussaat des Löwenmäulchens. Dieses sollte in Gefäßen gesät werden. Der Einjährige Rittersporn, die Jungfer im Grünen, die Kornblume, die Kornrade und die Wilde Möhre können direkt ins Beet gesät werden. Im Frühjahr können sie behutsam vereinzelt und umgepflanzt werden. Sollen jedoch alle Blumen in Gefäßen gesät werden, müssen diese über den Winter gepflegt werden. Sie brauchen geeignete Anzuchtgefäße, Wasser und bei lang anhaltenden trockenen Frostphasen eventuell auch Schutz durch einen Coldframe oder ein Vlies. Soll die Aussaatsaison im Frühjahr gestartet werden, können die oben genannten Arten auch ab März ausgesät werden.

Von den 17 Schnittblumenarten bleiben, wenn bereits eine Aussaat im Herbst erfolgte, elf Arten zur Aussaat im Frühjahr (ab März) übrig. Von diesen wiederum gibt es sechs Arten, die früh im Jahr gesät werden können, weil sie leichte Nachtfröste vertragen. Dazu zählen das Chinesische Vergissmeinnicht, der Buntschopfsalbei, die Duftwicke, die Einjährige Skabiose, die Ringelblume und die Rudbeckia. Wobei die Rudbeckia nicht in Direktsaat gesät werden sollte. Auch hier gilt: Bei allzu frostigen Temperaturen benötigen die Pflanzen ein wenig Schutz. Die Aussaat kann im März oder April beginnen.

Es bleiben noch fünf Schnittblumenarten übrig. Diese sollten frühestens Mitte April im Coldframe oder Anfang Mai direkt gesät werden, weil sie keinen Frost vertragen. Dies sind: Cosmea, Dahlie, Tagetes, Strohblume und Zinnie. Gibt es keine Schnecken im Garten oder geeignete Schutzmaßnahmen, lassen sich die genannten Arten, bis auf die Strohblume, alle in Direktsaat aussäen.

Zusammengefasst lässt sich dieser übersichtliche Plan erstellen, wobei wenn möglich eine Direktsaat bevorzugt wird.

Dieser übersichtliche Aussaatplan wurde auf Grundlage des Aussaat- und Blühkalenders erstellt und kann je nach Kapazitäten und vorhandenem Platz angepasst werden. Nur vier von 17 Schnittblumenarten lassen sich besser in Gefäßen als als Direktsaat anbauen. Die Aussaat von sechs Arten kann im September erfolgen. Von März bis April können sieben Arten und von Mai bis Juni vier Arten gesät werden.

SCHNITTBLUMENART	AUSSAATMONAT	AUSSAAT	
		IN GEFÄSS	DIREKT
Einjähriger Rittersporn	SEPTEMBER*	■	
Jungfer im Grünen			■
Kornblume			■
Kornrade			■
Löwenmäulchen			■
Wilde Möhre			■
Buntschopfsalbei	MÄRZ–APRIL		■
Chinesisches Vergissmeinnicht			■
Duftwicke		■	
Einjährige Skabiose			■
Ringelblume			■
Rudbeckia		■	
Strohblume		■	
Cosmea	MAI–JUNI	■	■
Dahlie		■	■
Tagetes		■	■
Zinnie		■	■

*Die Septembersaaten können auch im März ausgesät werden.

Extratipps für die Anbauplanung

- Verbrauch von Aussaaterde: Für die Befüllung von 20 Multitopfplatten mit 40 Zellen, mit jeweils einer Größe von 4 x 4 x 4,5 cm werden etwa 50 Liter torffreie Anzuchterde benötigt.
- Selbst angemischte Anzuchterde: Die Erde aus Maulwurfshügeln eignet sich hervorragend zum Anmischen von Anzuchterde. Zu je einem Drittel mit Kompost und Sand mischen.
- Aufteilung von Multitopfplatten: Wenn unterschiedliche Schnittblumenarten in der gleichen Platte ausgesät werden, sollten sie die gleichen (Keim-)Eigenschaften haben.
- Kleiner Helfer: Für die Bewässerung der Aussaaten eignet sich eine herkömmliche Pumpsprühflasche hervorragend.
- Bewässerung der Anzuchtgefäße: Vor der Keimung von oben bewässern; nach der Keimung die Gefäße von unten wässern. Die Gefäße dafür in eine Wanne stellen und die Erde tränken. So gelangt das Wasser direkt an die Wurzeln. Gefäße anschließend abtropfen lassen.
- Minigewächshäuser ausreichend lüften: In den kleinen Häuschen wird es schnell zu warm. Die zarten Wurzeln und Keimblätter mögen es meist kühler. Tagsüber kann der Deckel bei Temperaturen ab 12 °C abgenommen werden. Dann darf das Gefäß auch in der Sonne stehen. Vor dem Austrocknen schützen!
- Pflanzenetiketten: Für die Aussaaten können aus Milchtüten Pflanzenetiketten hergestellt werden. Diese lassen sich mit einem wasserfesten Stift beschriften.
- Aussaatgefäße: Es müssen nicht immer einheitliche Gefäße sein. Für die Anzucht eignen sich fast alle Blumentöpfe, aufgeschnittene Milchtüten, Salatschälchen und vieles mehr. Eins ist nur wichtig: Die Gefäße sollten unbedingt Löcher am Boden haben, damit das Wasser (nach dem Tränken) abfließen kann.
- Größe der Aussaatgefäße: Lieber größere Gefäße verwenden. Kleine Gefäße (zum Beispiel Multitopfplatten) trocknen schneller aus und müssen somit öfter gegossen werden.
- Notizen: Wann wurde was ausgesät? Diese Information hilft bei der Planung für die nächste Saison. Kann vielleicht früher oder später mit der einen oder anderen Schnittblumenart gestartet werden?
- Überproduktion vermeiden: Um möglichst wenig Überschuss aufzuziehen, sollte bei der Planung der vorhandene Platz nicht unberücksichtigt bleiben. Oft machen die Jungpflanzen nicht den Eindruck, als könnten sie beispielsweise jemals 1 m² Platz brauchen. Über die Pflanzabstände lässt sich der Platzbedarf für eine Schnittblumenart und somit die benötigte Beetgröße ermitteln.
- Aussaatzeitpunkt verschieben: Durch die Nutzung eines Frühbeetes oder Coldframes lässt sich der Aussaatzeitpunkt um etwa zwei Wochen vorziehen.
- Richtiger Standort: Einige Schnittblumen brauchen einen sonnigen Standort, was bedeutet, dass sie mindestens sechs Stunden volle Sonne pro Tag, besser mehr, abbekommen sollten. Halbschattige Standorte sind halbtags und besonders über die Mittagszeit beschattet. Schattige Standorte erreicht gar kein direktes Sonnenlicht.

In Multitopfplatten lassen sich auch unterschiedliche Schnittblumenarten parallel aussäen. Dann sollten ihre Keimeigenschaften einigermaßen zusammenpassen.

Die Bewässerung von Jungpflanzen sollte von unten erfolgen.

Der vorhandene Platz sollte bei der Planung berücksichtigt werden, um eine Überproduktion zu vermeiden.

8

Anhang

Glossar

ANGIOSPERME PFLANZEN Bedecktsamer, deren Samen während der Reife durch die Fruchtblätter in der Blüte geschützt werden

ANISOPHYLLIE unterschiedlich große Blätter an einer Pflanze, meist im Zusammenhang mit dem Pflanzenalter

ARTTYPISCH Merkmal, welches charakteristisch für eine Art ist; arttypische Merkmale können zur Bestimmung einer Art genutzt werden

BESTAND mehrere Pflanzen einer Art auf einer definierten Fläche

BLATTACHSEL Bereich, in dem die Oberseite des Blattgrundes an der Sprossachse entspringt

BLATTGRUND Übergang zwischen Blattspreite und Blattstiel

BLATTSPREITE umgangsprachlich: Blatt

BLATTSTIEL Verbindung von Blattspreite zur Sprossachse; kann fehlen

BLÜTENDIMORPHISMUS unterschiedlich ausgebildete Blüten an einer Pflanze (Zungen- und Röhrenblüten)

CODIEREN Umwandeln von Genen in arttypische Merkmale

DNS Desoxyribonukleinsäure; Molekül, das sämtliche Erbinformationen enthält

DOMINANT (VERBERBT) Genvarianten, die in der Filialgeneration zur Ausprägung kommen, werden als dominant bezeichnet. Dominante Genvarianten kommen immer zur Ausprägung.

DUNKELKEIMER Pflanzen, deren Samen zur Keimung mit Erde bedeckt sein sollten, da sonst der Keimprozess gestört wird

EINHÄUSIG Pflanzen, die sowohl weibliche als auch männliche Blütenorgane an ein und derselben Pflanze ausbilden

ENZYME Proteine, die für die Umsetzung biologischer Prozesse in der Entwicklung von Pflanzen verantwortlich sind

EPIGÄISCH Pflanzen keimen epigäisch, wenn die Keimblätter an der Sprossachse oberirdisch ausgebildet werden.

F1(-GENERATION) erste Tochtergeneration (Filialgeneration) einer Pflanze; weiter F2, F3 usw.

GARTENERDE, NORMALE Damit ist gewachsener Boden gemeint. Diesen finden wir überall, wo ein natürlicher Verrottungsprozess zur Bodenbildung stattfinden konnte. Bei mit »Mutterboden« aufgefüllten Gärten – häufig bei Neubauten – kann der Boden durch die Beimischung von torffreiem Kompost aufgewertet werden.

GENE Abschnitte auf der DNS eines Lebewesens, welche zur Ausprägung bestimmter Merkmale führen

GENERATIONSWECHSEL Bei Pflanzen werden nach der erfolgreichen Befruchtung Samen gebildet, die die neue Generation hervorbringen. Die Elternpflanzen sterben (meist) nach einem einjährigen Lebenszyklus.

GENERATIVE VERMEHRUNG Vemehrung von Pflanzen über sexuelle Fortpflanzungsmechnismen. Die Nachkommen können durch Neukombination der elterlichen Merkmale neue Merkmale ausbilden.

GENETIK Lehre der Vererbung

GENVARIANTE Die von den Genen codierten Merkmale können unterschiedliche Ausprägungen haben. Ein Gen kann zum Beispiel eine rote oder eine weiße Variante codieren.

HETEROKARPIE unterschiedliche Ausgestaltung der Samenschale innerhalb einer Blüte (zum Beispiel bei der Ringelblume)

HETEROPHYLLIE unterschiedliche Ausgestaltung der Blätter an einer Pflanze, meist im Zusammenhang mit dem Pflanzenalter

HETEROZYGOT Eine Pflanze ist für ein bestimmtes Merkmal heterozygot (mischerbig), wenn das Merkmal jeweils einmal rezessiv und einmal dominant auf dem für die Ausprägung verantwortlichen Gen vorhanden ist.

HOMOZYGOT Eine Pflanze ist für ein bestimmtes Merkmal homozygot (reinerbig), wenn das Merkmal zweimal auf dem für die Ausprägung verantwortlichen Gen vorhanden ist.

HYBRIDE natürliche Kreuzung zwischen zwei Individuen oder künstliche Kreuzung von Individuen mit bestimmten Eigenschaften

HYPOGÄISCH Pflanzen keimen hypogäisch, wenn die Keimblätter im Samen verbleiben und nicht oberirdisch ausgebildet werden.

KALTKEIMER Pflanzen, deren Samen zur Keimung zeitweise niedrige Temperaturen um den Gefrierpunkt benötigen

KEIMBLÄTTER erste Blätter, die nach der Keimung eines Samens gebildet werden

KEIMRUHE Schutzmechanismus eines Samens, der verhindert, dass die Pflanze zu einem Zeitpunkt keimt, der ungünstig für die weitere Entwicklung der Pflanze wäre

KEIMUNG Entwicklung einer Pflanze aus dem im Samen befindlichen Embryo

LEITTRIEB siehe Sprossachse

LICHTKEIMER Pflanzen, deren Samen zur Keimung nicht mit Erde bedeckt werden sollten, da sonst der Keimprozess gestört wird

MIKROKLIMA spezielles Klima eines bestimmten kleinräumigen Areals, welches durch Pflanzenbewuchs, Gelände- und Bodenbeschaffenheit beeinflusst wird

MONÖZISCH siehe einhäusig

MULTITOPFPLATTE Aussaatplatte mit mehreren Zellen. Je mehr Zellen pro Platte angegeben sind, desto kleiner wird das Zellenvolumen.

NARBE bestimmter Bereich am Fruchtblatt, der zur Aufnahme der Pollen dient

OVARIUM Die Ovarien befinden sich in den Fruchtblättern. Sie tragen das (weibliche) Erbgut.

PERLIT Gestein, das durch Hitzebehandlung an Volumen zunimmt. Es wird in Anzucht- und Blumenerden zur besseren Durchlüftung eingesetzt.

PFLANZENORGANE Blatt und Blüte sind Pflanzenorgane.

PHOTOSYNTHESE Chemischer Prozess, der durch Licht angeregt wird und bei dem Zucker aus Kohlenstoffdioxid und Wasser entsteht. Als Abfallprodukt entsteht Sauerstoff. Der Zucker wird von Pflanzen zur Bildung von Pflanzenorganen benötigt.

PIKIEREN Vereinzeln von Jungpflanzen, entweder in eine größere Anzuchtschale oder ins Beet

PINZIEREN Kappen des Haupttriebes zur Verstärkung der natürlichen Verzweigung. Das Ergebnis sind mehr Blütenstiele an einer Pflanze.

POLLEN Auch Blütenstaub genannt, wird in den Staubblättern gebildet; die einzelnen Pollenkörner tragen das (männliche) Erbgut einer Pflanze.

PROTEINE Moleküle mit bestimmten Strukturen und Funktionen, die zur Entwicklung und Aufrechterhaltung sämtlichen Lebens notwendig sind. Sie werden von den Genen codiert.

REZESSIV (VERERBT) Genvarianten, die in der Filialgeneration nicht sichtbar ausgeprägt sind, werden als rezessiv bezeichnet. Rezessive Gene werden nur ausgeprägt, wenn sie von beiden Eltern vererbt werden.

SAMENFEST Eine Pflanze wird dann als samenfest bezeichnet, wenn sie eine Tochtergeneration (F1) mit denselben Eigenschaften hervorbringt.

SPROSSACHSE Hauptrieb einer Pflanze, an der die Pflanzenorgane (Blätter und Wurzeln) ausgebildet werden

THYRSUS Verzweigungsform eines Blütenstandes, der aus einer Hauptachse und mehreren doppeltverzweigten Rispen aufgebaut ist

VEGETATIVE VERMEHRUNG Vermehrung von Pflanzen über Pflanzenteile; die Nachkommen sind Klone der Mutterpflanze.

VERGEILEN Wächst eine Pflanze bei zu wenig Licht und zu hohen Temperaturen heran, entwickelt sich ihr Wachstum zu instabil. Die Sprossachse kann bei einem ungünstigen Verhältnis von Licht und Temperatur keine Stabilität ausbilden und knickt schnell ab.

VERMICULIT Mineral, das durch Hitzebehandlung erheblich an Volumen zunimmt und so seine Saugfähigkeit vervielfacht. Es wird in Anzucht- und Blumenerden zur Wasserspeicherung und Abdeckung von Aussaaten eingesetzt.

ZWITTRIG Pflanzen, die sowohl weibliche als auch männliche Blütenorgane in einer Blüte ausbilden

ZYME doppeltverzweigte Rispe

ZYTOPLASMATISCH im Zellkern befindlich

Register

Fett gesetzte Seitenzahlen verweisen auf Haupteinträge.

Literatur

BENARY, H. (1923) Die Anzucht der Pflanzen aus Samen. Ein Handbuch für Gartenfreunde, Gärtner und Samenhändler. Verlagsbuchhandlung Paul Parey.

HODGE, J. (2015) Botanik für Gärtner. Dumont.

JENTZSCH, M. und THAL, J. (2007) Produktion von Freilandschnittblumen. Sommerblumen, Stauden und Gehölze. Eugen Ulmer.

JONES, T. (2022) The Zinnia Breeder's Handbook. Selfpublished.

KRAUSCH, H.-D. (2003). Kaiserkron und Päonienrot. Entdeckung und Einführung unserer Gartenblumen. Dölling und Garlitz Verlag.

NULTSCH, W. (2001) Allgemeine Botanik. 11. Auflage. Thieme.

PROUST. M. (2024) The Growers's Guide: Seeds. Hardy Grant (Imprint: Quadrille).

REMMERT, C. und HARTUNG, G. (2022) Slowflowers. Wilde Gärten und ungezähmte Bouquets. Haupt Verlag.

SITTE, P.; WEILER, E. W.; KADEREIT, J. W.; BRESINSKY, A.; KÖRNER, C. (2002) Strasburger. Lehrbuch der Botanik. 35. Auflage. Spektrum Akademischer Verlag.

SLOWFLOWER-BEWEGUNG E. V. (Hrsg.) (2022) Slowflower Bewegung. Nachhaltiger Blumenanbau – Gesichter und Geschichten. Haupt Verlag.

Über die Autorin

Annika Müller-Navarra ist promovierte Biologin und hat ihre Leidenschaft für Blumen 2020 zu ihrem Beruf gemacht, als sie ihr Unternehmen GartenSieben gründete. Heute baut sie als Farmerfloristin weit über 100 Arten Schnittblumen (Slowflowers) für individuelle Bestellungen, Workshops, Hochzeiten und Events an. Ihr Blumenfeld ist 2025 mit der Familie von Süd-Niedersachsen nach Mecklenburg-Vorpommern umgezogen. Sie ist Mitautorin des Buches »Slowflower-Bewegung«, das ebenfalls im Haupt Verlag erschienen ist.

www.gartensieben.de
@garten_sieben

Slowflowers

Der Anbau von Schnittblumen im deutschsprachigen Raum ist eher die Ausnahme als die Regel. Dabei funktioniert er auch in recht kleinen Unternehmen wie GartenSieben von Annika Müller-Navarra sehr gut. Im Einklang mit den Jahreszeiten und umweltfreundlich. Slowflowers sind dadurch charakterisiert, dass alle Schritte von der Aussaat bis zum Verkauf ressourcenschonend ablaufen.

In Deutschland, Österreich und der Schweiz verbindet der Verein »Slowflower-Bewegung e. V.« viele blumenverrückte Menschen miteinander, die im Austausch mit anderen Ländern der Welt stehen.

Das gemeinsame Ziel: der Welt zeigen, dass Schnittblumen mehr sind, als uniforme, ganzjährig verfügbare Einheitsware.

Mehr dazu: www.slowflower-bewegung.de

© Shutterstock, Huza Studio

Sie möchten nichts mehr verpassen?

Folgen Sie uns auf unseren Social-Media-Kanälen und bleiben Sie via Newsletter auf dem neuesten Stand.

www.haupt.ch/informiert

1. Auflage: 2026

ISBN 978-3-258-08445-9

Umschlag, Gestaltung und Satz: Kristin Otten, DE-Fehmarn
Fotografien: © Annika Müller-Navarra, außer: Cover, S. 4, S. 7 links, S. 14 links, S. 16, S. 33, S. 52, S. 61, S. 64, S. 87, S. 121 links, S. 126, S. 127 oben, S. 145 oben, S. 163 links, S. 164 Mitte, S. 192, S. 196 unten, S. 211, S. 223 oben, S. 225, Umschlagrückseite oben: © Merle Weidemann, S. 68: Flickr/Swallowtail Garden Seeds (CC BY-2.0).
Lektorat: Antje Krause, DE-Mühlenbecker Land/Zühlsdorf

Wir drucken mit mineralölfreien Farben und verwenden FSC®-zertifiziertes Papier. FSC® sichert die Nutzung der Wälder gemäß sozialen, ökonomischen und ökologischen Kriterien. Dieses Buch wurde auf 100 % Recyclingpapier gedruckt.

Gedruckt in Estland

Diese Publikation ist in der Deutschen Nationalbibliografie verzeichnet. Mehr Informationen dazu finden Sie unter http://dnb.dnb.de.

Der Haupt Verlag wird vom Bundesamt für Kultur für die Jahre 2026–2028 unterstützt.

Wir verlegen mit Freude und großem Engagement unsere Bücher. Daher freuen wir uns immer über Anregungen zum Programm und schätzen Hinweise auf Fehler im Buch, sollten uns welche unterlaufen sein.

Haupt Verlag AG
Falkenplatz 14
3012 Bern
SCHWEIZ
herstellung@haupt.ch

www.haupt.ch

Verantwortlich in der EU (GPSR):
Brockhaus Kommissionsgeschäft GmbH
Kreidlerstr. 9
70806 Kornwestheim
DEUTSCHLAND
haupt@brocom.de

FSC www.fsc.org
MIX
Papier | Fördert gute Waldnutzung
FSC® C129413